5분 만에 읽는

리네아의
홍차 클래스

| 박정은 저 |

5분 만에 읽는
리네아의
홍차 클래스

| 만든 사람들 |
기획 인문·예술기획부 | 진행 윤지선 | 집필 박정은 | 책임편집 D.J.I books design studio
표지디자인 D.J.I books design studio 김진 | 편집디자인 상:想 company

| 책 내용 문의 |
도서 내용에 대해 궁금한 사항이 있으시면
저자의 홈페이지나 J&jj 홈페이지의 게시판을 통해서 해결하실 수 있습니다.
제이앤제이제이 홈페이지 www.jnjj.co.kr
디지털북스 페이스북 www.facebook.com/ithinkbook
디지털북스 카페 cafe.naver.com/digitalbooks1999
디지털북스 이메일 digital@digitalbooks.co.kr
저자 이메일 linneawithtea@gmail.com

| 각종 문의 |
영업관련 hi@digitalbooks.co.kr
기획관련 digital@digitalbooks.co.kr
전화번호 (02) 447-3157~8

지식, 문화, 감성이 담긴
차생활의 즐거움

홍차를 언제부터 마셨는지는 정확히 딱 집어 말하기 어렵습니다. 일상 속에서 홍차를 즐기고 다른 책들을 읽어 보면서 홍차에 대한 관심을 키워 나갔습니다. 특히 파리 여행에서 홍차를 잔뜩 사온 후 티타임을 SNS에 공유하기도 하고 홍차 수업을 듣기도 했습니다. 테이스팅 수업을 들으면서 수많은 홍차 하나하나의 맛과 향, 이야기에 주목하게 되었고 평가는 사람들마다 다르다는 말에 더 열심히 홍차를 배우게 되었습니다.

제 주변 사람들에게 차는 그냥 마시는 것이었고, 다들 차를 취미로 한다는 표현에 생소해 했습니다. 그래서 언젠가는 차생활의 즐거움을 문장으로 풀어내어 공유하고 싶었습니다. 차생활을 업데이트하는 인스타그램에서도 "차를 마신다는 취미의 즐거움"이라는 문구를 사용하는 중입니다. 차에 붙이는 이름들이 너무나 아름답고 일상을 풍요롭게 해준다고 생각해서 브런치에 〈이름으로 마시는 홍차〉 시리즈를 몇 개 쓴 적이 있습니다.

〈이름으로 마시는 홍차〉의 글을 보고 감사하게도 출판사에서 연락을 주셨습니다. 용기를 내어 출판계약서에 도장을 찍었지만 글을 쓰면 쓸수록 고민을 하기 시작했습니다. 홍차를 업으로 하는 사람도 아닌데 이 글을 보고 어떤 정보를 얻어가게 될지 말입니다. 또한, 차와 관련된 연구는 아직 명확하게 정리되지 않은 부분들이 많아서 저라는 한 사람의 글이 정답처럼 받아들여지기를 원치 않습니다. 그렇다고 100% 주관적인 말만 늘어놓으면서 홍차를 좋아하라고 강요하고 싶지도 않았습니다. 해외여행이나 카페를 통해 홍차를 아는 사람들이 점점 늘어나고 있어서 홍차를 많이 안다는 것처럼 글을 쓰는 것도 옳지 않다고 보았습니다.

오래전에 어디선가 "읽고 싶은 책을 직접 쓰라"는 문장을 봤습니다. 홍차를 조금 알게 되었지만 여기서 어떻게 더 배워야 할지 갈팡질팡했던 저라면 어떤 책을 읽고 싶을지 생각해 보았습니다. 그래서 여태까지 배웠던 홍차에 대한 지식과 차를 마시며 느꼈던 감성, 홍차 여행에서 일어났던 이야기들을 티타임 하나하나에 녹여내려고 했습니다. 딱딱한 지식이 티타임을 통해 퍼즐을 맞추는 것처럼 조합되고, 새로운 호기심과 재미를 느끼는 과정을 써보고자 했습니다. 책의 말미에는 차를 취미로 하는 사람의 본격적인 차생활기를 담았습니다.

포트넘 앤 메이슨 티타임을 촬영할 소품과 장소를 빌려 주시고, 출간 소식에 자신의 일처럼 기뻐하신 살롱 드 다락방의 대표님과 실장님께 감사드립니다. 덕분에 홍차와 더 많이 가까워질 수 있었습니다. 축하해 주신 현 직장^{에어부산} 상사와 동료 그리고 모든 다우茶友님께도 감사드립니다. 마지막으로 학생 때 과제물로 썼던 글을 칭찬해 주셨던 모든 선생님과 교수님들께 감사드립니다. 스쳐 지나갔던 학생 중 한 명이라 기억하시지 못할 수도 있지만요. 제 글에 주셨던 긍정적인 피드백을 떠올릴 때마다 책을 계속 쓸 수 있는 용기를 얻었습니다.

이 글을 읽는 모두의 차 마시는 시간이 풍요롭고 알차고 반짝였으면 합니다.

$\mathscr{C}ontents$

 프롤로그 · 003

 I 포트넘 앤 메이슨(Fortnum & Mason) :
영국 홍차 문화의 살아있는 역사

1. 애프터눈 블렌드 Afternoon Blend : 애프터눈 티의 정석 · 012
2. 카운티스 그레이 Countess Grey : 얼그레이의 향긋한 변신 · 015
3. 얼그레이 클래식 Earl Grey Classic : 얼그레이의 탄생 · 018
4. 스모키 얼그레이 Smoky Earl Grey :
   영국에서 사랑받는 향이 한 몸에 · 022
5. 로즈 포우총 Rose Pouchong : 중국차, 영국의 장미 향을 머금다 · 025

· **왕실을 위한 블렌딩 차** · 028
· **영국의 장소 이름을 딴 홍차** · 032

 II 마리아주 프레르(Mariage Freres) :
프랑스의 대표적인 명품 홍차

1. 프렌치 브렉퍼스트 티 French Breakfast tea :
   세련된 전통의 프렌치 브렉퍼스트 · 038
2. 파리-긴자 Paris-Ginza : 홍차를 통한 도시들의 만남 · 041
3. 다즐링 마스터 Darjeeling Master : 수수하고 묵직한 다즐링 · 044
4. 밀키 블루 Milky Blue : 서양인, 대만 우롱의 밀키향에 반하다. · 048

· **파리에서 홍차 쇼핑 즐기기** · 052

다만 프레르(Dammann Freres) : 오랜 전통의 프랑스 티 브랜드

1. 폼 다모르 Pomme d'amour :
   이미 알고 있는 사과 향 홍차에 질렸다면 · 058
2. 쟈뎅 뒤 뤽상부르 Jardin du Luxembourg :
   파리의 화려한 정원 한 잔 · 061
3. 빠시옹 드 플레흐 Passion de fleurs : 무릉도원의 새콤달콤한 백차 · 064
4. 꼬끌리꼬 구르망 Coquelicot Gourmand :
   양귀비 꽃잎의 반전 매력과 향의 레이어링 · 067
5. 올드맨 티 Old man tea : 중후한 매력의 홍차 · 070

 쿠스미(Kusmi) : 러시아에서 시작한 프랑스 티 브랜드

1. 아나스타샤 Anastasia : 제정 러시아의 마지막 공주 · 076
2. 프린스 블라디미르 Prince Vladimir : 이름만큼 거칠지는 않은 · 079
3. 상트페테르부르크 St. Peterbourg : 북유럽의 신비로움 · 082
4. 러시안 모닝 Russian Morning : 러시아의 아침을 상상한다면 · 085

 로네펠트(Ronnefeldt) : 독일을 대표하는 세계 3대 티 브랜드

1. 마지팬 Marzipan : 크리스마스를 기다리는 이유 · 090
2. 아이리쉬 위스키 크림 Irish Wisky Cream :
   따뜻한 로얄 밀크티가 필요할 때 · 093
3. 슐루머트렁크 : 허브 왕국 독일에서 잠을 이루는 방법 · 096

Contents

 VI TWG : 럭셔리 티 브랜드의 신흥 강자

1. 그랜드 웨딩 티 Grand Wedding Tea :
   상큼하고 발랄한 에너지 비타민 · 102
2. 해피 버스데이 티 Happy Birthday Tea :
   생일 케이크와 같은 설렘 · 105
3. 티 파티 티 Tea Party Tea :
   한 잔의 차와 케이크만으로 다녀온 티 파티 · 108
4. 위크엔드 인 싱가포르 티 Weekend in Singapore Tea :
   울창한 정원에서의 주말 휴식 · 111

 VII 루피시아(Lupicia) :
부담스럽지 않은 가향과 한정 마케팅의 매력

1. 보나파르트 40번가 Bonaparte N° 40 : 파리에 자리잡은 루피시아 · 116
2. 비앙베뉴 아 파리 Bienvenue à Paris! :
   파리에 오신 것을 환영합니다 · 119

 VIII 대만(Taiwan) : 가까운 외국에서 차문화를 즐기고 싶다면

1. 일월담 홍차 : 사과향을 품은 해와 달의 홍차 · 124
2. 동방미인 : 여왕이 감탄한 차 · 127

 •초보부터 고수까지, 차를 사랑하는 모두에게 열린 도시 타이베이 · 130

IX 중국(China) :
명실상부한 차의 고향

1. 기문 : 세상 어느 것과도 비교할 수 없는 '기문향'의 주인공 · 136
2. 전홍 : 차마고도의 홍차 · 139
3. 금준미 : 금값으로 유명한 금빛 홍차 · 143

X 한국(Korea) :
녹차 위주의 차문화에서 조금씩 다양성을 모색하다

1. 오설록 – 동백이 피는 곶자왈 : 달콤한 겨울의 동백꽃 향기 · 148
2. 오설록 – 삼다연 제주영귤 : 상큼함을 더한 후발효차 · 151
3. 오설록 – 진하게 다가온 가을의 맛 · 153
4. 홍차로 떠나는 국내여행 · 155

· 취미로 차를 한다는 것 · 160
1 티 테이스팅 : 차 자체에 집중하는 시간 · 161
2 티 블렌딩 : 세상에 단 하나뿐인, 나만의 차를 만들다 · 164
3 티 컨텐츠 : 누군가가 차를 이야기해줄 때 · 167
4 차를 찾는 순간 : 카페투어 말고 티룸투어 · 170
5 차생활 : 일상에서 차를 더 가까이 하기 · 174

참고문헌 · 178

I
포트넘 앤 메이슨

Fortnum & Mason

영국 홍차 문화의
살아있는 역사

민트색의 시그니처 컬러가 고급스러운 포트넘 앤 메이슨은 런던 여행의 필수 기념품으로 손꼽
힌다. 가향차와 가향되지 않은 블렌딩 차, 다원에서 생산하는 홍차 등 다양한 라인을 갖추었
다. 쿠키와 잼 종류도 구비하여 홍차에 관심이 없는 여행객들도 선물용으로 구입해 볼까, 하
는 호기심을 갖게 된다.

왕실의 하인이었던 윌리엄 포트넘(William Portnum)과 마차 대여점을 운영하던 휴 메이슨
(Hugh Mason)은 1707년에 포트넘 앤 메이슨을 설립했다. 위조 홍차가 범람했던 시대에서도
포트넘 앤 메이슨 차의 품질은 믿을 만했고, 게다가 포트넘 가문이 오랫동안 왕실에서 일했다
는 인연도 깊었다. 덕분에 1867년에 왕실에 식료품과 차를 납품하는 업체로 지명되었다. 설립
한 지 300년이 훌쩍 넘은 현재까지도 '영국 왕실에 납품하는 고급 티 브랜드'로 널리 알려졌다.

런던 피카딜리에 위치한 매장은 백화점으로, 차 종류 외에도 다구와 와인, 잡화 등을 판매한
다. 애프터눈 티를 마시는 티 살롱은 4층에 있다(한국 기준으로는 5층). 포트넘 앤 메이슨 특유
의 민트색 3단 접시와 찻잔으로 티 세트가 나오며, 실내 분위기도 고급스럽다. 런던 여행 중 포
트넘 앤 메이슨의 분위기에 흠뻑 취해보고 싶다면 애프터눈 티 예약을 추천한다.

시간이 없다면 히드로 공항 및 세인트 판크라스 역에도 매장이 있으니 참고하자. 우리나라에
서는 신세계 백화점 본점과 강남점에서 만날 수 있다.

1

애프터눈 블렌드 Afternoon Blend
애프터눈 티의 정석

홍차를 잘 마시지 않더라도 애프터눈 티라는 말은 한번쯤 들어본 적이 있을 것이다. 우아한 3단 접시에 디저트가 층층이 쌓인 애프터눈 티 세트를 연상하기도 한다. 최초의 애프터눈 티는 공작부인인 안나 마리아가 점심과 저녁 식사 사이의 배고픔을 차와 티푸드로 달래면서 탄생했다. 애프터눈 티 문화가 귀족 사회에서 시작했기 때문에 화려해 보이는 것은 당연하지만, 홍차를 어렵게 느끼는 데에 한몫하기도 한다.

초코 쿠키와 함께한 애프터눈 블렌드

　현대 영국의 애프터눈 티는 말 그대로 오후의 티타임이다. 특별한 날에는 화려한 애프터눈 티를 즐기기도 하지만 보통 머그잔과 티백 차로 소박한 오후의 홍차를 마신다. 그래서인지 영국의 웬만한 티 브랜드들은 이름에 '애프터눈'이 붙은 홍차를 보유하고 있다. '매일 오후의 티타임으로 우리 매장의 홍차를 선택해 주세요!'라고 외치는 것만 같다. 애프터눈 블렌드는 브렉퍼스트 블렌드보다 부드러운 것이 특징이다. 아침에는 잠을 깨기 위해 강한 맛의 홍차를, 오후에는 부드러운 홍차로 약간의 각성과 함께 휴식을 취할 수 있다.

　포트넘 앤 메이슨의 애프터눈 블렌드는 고지대와 저지대의 실론 홍차가 조화를 이룬다. 아직 식지 않았을 때 마시니 풋풋한 풀 향과 약간의 구수한 향이 난다. 식으면 조금 더 떫어지나 뜨거울 때는 적당히 가볍게 마실 수 있다. 애프터눈 블렌드의 레시피는 브랜드마다 조금씩 다르지만 포트넘 앤 메이슨의 것은 부드러운 애프터눈 블렌드의 특징을 확실히 보여준다.

실론 홍차

스리랑카에서 생산하는 홍차를 말한다. 실론 홍차는 산지의 높이에 따라 하이 그로운(고지대), 미들 그로운, 로 그로운(저지대)로 나뉜다. 고지대로 갈수록 떫고 상쾌한 맛과 향이 특징이다. 주요 산지로 우바, 누와라엘리야, 딤불라, 캔디, 루후나가 있다. 명칭을 들었을 때 실론티라는 것을 알기만 해도 차를 즐기기에는 충분하다. 캔디 지역의 홍차는 부드러운 맛과 강하지 않은 향 덕분에 가향차의 베이스로 즐겨 활용된다.

🍵 티 레시피

- 찻잎과 물의 양을 1:100 비율로 맞추어(예 : 찻잎 6g에 물 600ml) 끓는 물에 2분 30초~3분 30초간 우려낸다.
- 많은 양의 차를 3분 30초로 우릴 경우, 찻잎을 빠르게 거르지 않으면 남은 잎들이 우러나면서 급격하게 떫어지니 주의해야 한다.
- 유럽 홍차 브랜드의 홈페이지에는 5분까지 우리라는 설명도 많다. 그러나 유럽과 우리나라의 생수는 수질이 달라 유럽 기준으로 우리면 떫어서 마시기 힘들 수 있다. 일단 3분을 기준으로 같은 차를 계속 우려 보면서 자신에게 맞는 최적의 시간을 찾아보자.

※ 앞으로 나올 차들도 별도의 설명이 없을 경우 1:100의 비율로 끓는 물에 3분 동안 우리면 무난하다.

2

카운티스 그레이 Countess Grey
얼그레이의 향긋한 변신

　우리나라에서 차를 마시는 분들 중에서는 많은 수가 얼그레이를 좋아한다. 그래서인지 베이커리나 밀크티를 만들 때 즐겨 사용되지만, 얼그레이 특유의 베르가모트 향을 부담스러워하는 나는 거의 먹어본 적이 없다. 남과 다른 취향을 확실하게 드러내는 성격이라 한때는 얼그레이를 마시지 않는다고 단정 짓기도 했다. 하지만 그렇게 딱 자르기에는 세상에 너무 다양한 버전의 얼그레이가 있다는 것을 나중에 알았다. 크림, 초콜릿 등 추가로 향을 입혀 부드럽게 다가갈 수 있는 얼그레이들이다.

카운티스 그레이는 오렌지 향을 넣어 조금 더 가볍고 향긋하게 변신한 얼그레이다. 오렌지 향을 넣었다는 점에서 트와이닝의 레이디 그레이와도 비슷하다. 얼그레이의 향을 이루는 베르가모트는 감귤류이고, 같은 감귤류 중에서 베르가모트보다 향이 가벼운 과일은 오렌지이다. 그래서인지 두 가지 차 모두 오렌지 향이 주류를 이룬다.

베이스가 되는 찻잎은 중국과 실론 홍차여서 맛이 부드럽다. 우리는 물의 온도에 따라 상큼한 꽃향기부터 부드러운 크림 향까지의 스펙트럼이 매력적이다. 특히 실론티 중에서는 '오렌지 페코'를 사용했다. 오렌지 페코는 스리랑카나 인도 지역에서 생산하는 차의 등급 중 하나로 원래는 두 번째로 어린잎을 의미한다. 다행히 이 차에는 오렌지 향이 가미되어 있지만 만약 오렌지 페코라는 명칭의 다른 홍차를 만나게 되면 오렌지 향은 나지 않으니 구매에 참고하자.

크림이 들어간 초코롤과
함께한 카운티스 그레이

레이디 그레이

영국의 대중적이면서 전통 있는 브랜드 트와이닝(Twining)의 스테디셀러 홍차. 파란색 포장이 인상적이며 국내에서도 쉽게 구할 수 있다.

중국 홍차

중국의 차 문화는 녹차 위주로 형성됐으나 안휘성, 복건성, 운남성 등 일부 지역에서 품질 높은 홍차를 생산한다. 서양 브랜드 홍차에 들어가는 중국차는 안휘성의 기문 홍차가 일반적이다.

스트레이트

우유나 다른 첨가물을 넣지 않고 찻잎만 우려서 마시는 차.

냉침

커피의 콜드 브루와 유사한 개념이다. 8~12시간 동안 찻잎을 찬물에 담가 서서히 우려내는 방식이다. 찻잎과 물의 비율은 뜨겁게 마실 때와 비슷하게 넣거나 차를 조금 더 넣어도 괜찮다.

카운티스 그레이로 얼그레이에 익숙해졌다면 이제 얼그레이라고 무조건 피할 필요는 없을 듯하다. 다양한 스펙트럼의 얼그레이를 차근차근 즐겨보자.

 티 레시피

- 의외로 사무실 정수기 온수에서도 충분한 맛을 이끌어낸다.
- 밀크티보다는 스트레이트로 마실 때 맛과 향을 더 잘 즐길 수 있다.
- 포트넘 앤 메이슨 홈페이지에서는 티푸드로 딸기, 뮤즐리, 요거트, 꿀을 추천했다. 그래놀라 바와 먹는 것도 괜찮지만 개인적으로는 가운데에 크림이 들어간 롤케이크가 더 좋았다.
- 언제 어느 상황에서나 무난하게 어울리는 차다. 여름에는 자기 직전 냉침해 두고 아침에 꺼내면 시원하게 마실 수 있다.

3
얼그레이 클래식 Earl Grey Classic
얼그레이의 탄생

　홍차의 역사에서 얼그레이는 항상 빠지지 않고 등장한다. 홍차의 분류를 아예 모르고 마실 때는 얼그레이는 옛날부터 이어져 내려왔으니까 클래식한 홍차고, 과일이나 꽃 같은 향을 인위적으로 입힌 가향차와 다르다고 생각했다. 하지만 사실 얼그레이는 가향차가 맞으며 세계 최초의 가향차로 널리 사랑받아 왔다.

　얼그레이 이름의 기원이 된 찰스 그레이 백작이 왜 얼그레이에 빠지게 되었는지는 여러 가지 설이 있다. 트와이닝에 의하면, 중국의 정산소종이라는 차가 영국으로 들어오면서 훈연 향이 다 빠져 용안 향만이 남게 되었고, 이 용안 향에 백작이 마음을 두면서 얼그레이가 탄생했다고 한다. 용안은 열대 과일이라서 영국에서는 구할 수 없었는데, 마침 영국 해군이 주둔하는 이탈리아의 섬에 베르가모트가 자생하여 얼그레이의 가향 재료로 사용되었다고 한다.

얼그레이가 세계적으로 유명한 홍차가 되니, '최초의 얼그레이' 논쟁이 일어났다. 이 논쟁은 싱겁게도 트와이닝이 상대편인 잭슨스 오브 피카딜리를 인수하면서 종결됐다. 이제 우리나라에서 베이지색 포장으로 자주 보이는 트와이닝 얼그레이가 세계 최초의 얼그레이로 간주된다.

얼그레이 클래식 티테이블

아름다우면서 불꽃 튀기는 얼그레이의 이야기들을 빠삭하게 아는 것만이 홍차를 즐기는 방법은 아닐 터이다. 마음을 가다듬고 런던에서 사 온 홍차들을 찬찬히 둘러본다. 세계의 수많은 브랜드들과 마찬가지로 포트넘 앤 메이슨에서도 얼그레이를 보유하고 있다. 런던 피카딜리 매장에서 샀던 미니틴 세트에 이 차가 있어서 처음 마셔보게 되었다. 100g 이상의 차를 뜯을 땐 입에 맞지 않으면 어쩌나 하고 걱정하지만 미니틴은 25g여서 부담이 없다.

얼그레이 클래식이라는 이름만 보면 아주 강렬한 베르가모트 향을 내뿜을 법도 한데 의외로 수줍게 자신의 향을 보여준다. 세계 최초의 얼그레이인 트와이닝 제품이 보여주는 인상이 너무 강해 포트넘 앤 메이슨의 얼그레이에 클래식이라는 단어가 붙는 게 처음에는 약간 어색해 보였다.

하지만 찰스 그레이 백작이 반한 정산소종의 용안 향은 오랫동안 바다를 건너왔으니 이런 은은한 향만이 남았을 것이다. '처음 느낌 그대로'를 재현하고자 했던 포트넘 앤 메이슨의 의도로 보인다고 하면 너

얼그레이 알쓸수다

· 얼그레이는 가향차이지만 모든 과일 향이 나는 차가 가향차라고 단정 지을 수 없다. 차나무나 산지의 특성에 따라 자연스러운 과일 향이 나는 차들도 있다. 차에 관심을 가지고 꾸준히 마시다 보면 '향을 입히지 않았는데 어떻게 이런 향이 날까'하고 감탄하는 순간이 온다!
· 트와이닝의 얼그레이는 영국 내수용은 검정색. 해외 수출용은 베이지색으로 포장되어 있다.

무 앞서 나가는 것일까? 얼그레이의 오래된 역사에 섬세하고 부담이 없는 맛이 결합하여 클래식한 홍차로 다가온다.

🍵 티 레시피

- 애프터눈 블렌드와 마찬가지로 오후의 홍차로 어울린다. 맛과 향이 부드럽다 보니 음식이나 디저트와 마시려면 평소보다 찻잎을 조금 더 넣어서 우려도 좋다.

4

스모키 얼그레이 Smoky Earl Grey
영국에서 사랑받는 향이 한 몸에

홍차를 차근차근 알아가다 보면 랍상소우총이라는 신기한 이름을 책으로라도 접하게 된다. 처음 랍상소우총이라는 홍차의 존재를 알게 되었을 때 이 차는 감히 함부로 마시면 안 되는 이미지였다. 스모키한, 연기 향이 짙은, 지나치게 강한… 한참 달콤한 향기의 가향차를 좋아했던지라 랍상소우총을 내 돈 주고 마실 일은 평생 없으리라고 생각했다.

그러다 티 테이스팅 수업들을 들으면서 서서히 랍상소우총이 못 마실 차는 아니라는 것도 느꼈고, 중국차 중에서 제일 좋아하는 금준미와 사촌 격이라는 사실도 알게 되었다. 금준미는 중국 챕터에서 더욱 자세하게 알아보자.

랍상소우총은 중국 최초의 홍차 '정산소종'의 복건성 사투리에서 유래했다. 중국은 지역이 워낙 넓다 보니 사투리의 대분류만도 7가지나 되며 표준어와는 외국어만큼이나 다르다. 정산소종이 랍상소우총이라는 완전히 다른 이름으로 영국에 알려진 이유다. 한편 요즘은 연기를 쐬지 않은 무연 정산소종이 인기를 끄는 중이라고 하니 정산소종과 랍상소우총을 완전히 같은 차라고 볼 수는 없다.

전쟁이 일어나면서 차를 재배하던 농민들이 동목촌에서 피신하였고 찻잎은 그동안 산화되어 버렸다. 농민들은 산화된 차에 소나무 연기를 쐬어 새로운 차를 만들었는데, 의외로 맛이 좋았다고 한다. 영국인들은 우연히 훈연 향이 밴 정산소종을 사랑하게 되었다. 여러 브랜드에서 출시하는 랍상소우총은 그때의 정산소종을 모방하여 일부러 훈연

만두와 함께한 스모키 얼그레이

건파우더(Gunpowder)

중국 절강성에서 생산하는 녹차다. 구슬처럼 말린 차의 형태가 화약과 같다고 하여 건파우더라고 이름이 붙었다. 중국에는 더 훌륭한 녹차들이 많아 건파우더가 명차로 꼽히지는 않으나 수출용은 생산 관리가 잘 되어있다. 포트넘 앤 메이슨을 비롯한 여러 브랜드에서 건파우더 단품을 판매 중이며 모로칸 민트티에 자주 블렌딩된다.

향을 입힌 가향차다. 이 스모키 얼그레이도 정산소종을 모티브로 삼아 영국 왕실의 주문으로 특별히 제작된 홍차다.

아주 조금이지만 동글동글하게 말려진 건파우더 녹차가 들었다. 차를 우리고 나면 말려있던 건파우더가 녹색 잎으로 완전히 펼쳐져 버린다. 어두운 색의 홍차 잎들 사이에서 숨은 그림을 찾듯이 녹색 잎을 찾아보기도 한다.

코끝에 소시지를 숯불에 구웠을 때와 흡사한 향이 나며, 찻물이 입안에 들어오면 여기에 얼그레이의 묵직한 상큼함이 더해진다. 쓴맛이 나기는 하나 일반적인 랍상소우총보다 더욱 편하게 마실 수 있다. 스모키함과 얼그레이의 시트러스 향이 동시에 나니 이름값을 하는 홍차다. 영국인이 사랑하는 랍상소우총과 얼그레이 느낌을 한 차에 같이 담다니, 왕실이라서 참 욕심이 많구나 싶다.

🫖 티 레시피

• 달콤하거나 담백한 디저트보다는 훈제된 고기류가 든 식사에 잘 어울린다. 포트넘 앤 메이슨 홈페이지에서는 훈제오리를 추천하며 개인적으로는 갈비 만두와의 궁합도 나쁘지 않았다.

5

로즈 포우총 Rose Pouchong
중국차, 영국의 장미 향을 머금다

꽃 가향이 된 차를 볼 때마다 이성과 감성이 약간 부딪히고는 한다. 진짜 꽃향기를 맡으며 살기에는 시간도 공간도 여유가 없어서, 아침마다 꽃 가향차를 마시면 내 삶도 향기롭게 기억되지 않을까 하는 기대를 가져본다. 그러나 안타깝게도 그동안 만났던 꽃 가향차들은 대부분 향이 부자연스럽거나 맛이 없었다. 향이 강하지 않은 꽃들을 모티브로 한 가향차는 자칫하면 인공가향 때문에 두통을 일으키기도 한다.

그래서 꽃 이름을 단 차들을 보면 '지름신'의 감성과 '후회할 것'이라는 이성이 싸우게 되는 것이다. 그러다가 꽃 가향차에서 딱 두 번의 행복을 느꼈으니, 그중 하나가 바로 포트넘 앤 메이슨의 로즈 포우총이다. 로즈 포우총은 이름에서 알 수 있듯이 장미꽃잎으로 가향한 홍차다. 포트넘 앤 메이슨의 스테디셀러 홍차이며 그 외 몇몇 영국 브랜드에서도 판매 중이다. 살짝 농익었지만 자연스러운 장미 향과 달짝지근한 차맛이 인상적이다. 조금 오래 우려도 쉽게 써지지 않으며, 한두 번쯤 더 우려내도 맛이 크게 떨어지지 않는다.

포우총은 포종包種차를 일컫는 말로 청차 중에서 발효도가 약한 차다. 종이로 포장해서 진상한 차라 하여 포종이라는 이름이 유래했다. 이 차의 이름을 들으면 가장 먼저 떠오르는 것은 대만 북부의 핑린이라는 마을이다. 핑린에서 생산하는 포종차는 문산포종이라고 불리며

로즈 포우총 티타임

장미 향을 비롯해 신선한 꽃향기를 느낄 수 있다고 한다.

포우총은 홍차가 아닌데 왜 로즈 포우총은 중국의 기문 홍차를 베이스로 했을까? 영국인들이 홍차를 훨씬 선호해서 그럴 수 있다. 가향 홍차의 베이스로는 단연 순하고 튀지 않으며 은은한 단맛이 나는 기문 홍차를 사용하는 것이 좋다. 그런데 이 매력적인 차를 마시면서 생각의 꼬리를 물다 보니 포우총의 주 생산지인 대만의 차와 중국차와의 관계를 알아보게 되었다.

대만차의 역사는 19세기 초에 가조라는 사람이 중국 복건성 무이산의 차나무를 가져다 심은 것에서 시작하였다. 차나무뿐 아니라 제조 기술도 중국에서 전래되었으며, 대만 포종차는 처음에 대만의 찻잎들을 복건성으로 보내 포종차 명칭을 붙이는 방식으로 판매하였다. 엄밀히 말하면 대만 포종차의 원류가 중국 복건성에 있는 것이다.

어쩌면 영국인들은 로즈 포우총을 만들면서 대만이 아닌 중국 무이산을 그리워했을지도 모른다. 영국인들이 무이산의 정산소종을 너무 사랑한 나머지 랍상소우총이 탄생하기도 했으니까. 차의 성지를 숭배했던 영국인들이 무이산의 포종차를 영국식으로 다시 만든 것이 아니었을까? 역사는 돌고 돌아 차 한 잔 속에서도 여러 이야깃거리를 가져다준다. 21세기에도 가을의 문턱에서 만나는 한 잔의 장미가 여전히 신선하다.

🍵 티 레시피

- 완벽한 장미 향 때문에 여러 가지 실험정신이 들었지만 제일 클래식하게 스트레이트 핫티로 마시는 것이 제일 실패 없는 방법이다.

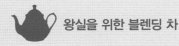 왕실을 위한 블렌딩 차

포르투갈의 캐서린 브라간자 공주가 찰스 2세와 결혼하면서 영국 왕실에 차 마시는 문화가 처음 유행했다. 당시 홍차는 비싼 물건이었기에 제일 높은 계급에서부터 향유하기 시작했다. 이를 모방하는 귀족과 서민들이 생기면서 차 문화가 서서히 퍼져나갔다. 이후 영국의 역대 여왕들이 모두 홍차를 사랑하면서 왕실에 차 문화가 자리 잡았다. 포르투갈과 네덜란드가 영국보다 먼저 차를 수입했지만 결국 영국이 유럽 홍차 문화의 중심지가 된 계기 중 하나였다.

왕실에 납품하는 차는 당연히 품질이 뛰어나야 했기에, 영국 왕실의 지명을 받은 브랜드들은 지금까지도 높은 품질로 사랑받고 있다. 해당 브랜드들은 왕실에 경사가 있을 때 특별 블렌딩한 홍차들을 출시하는데, 한정판으로 판매하다가 일반 소비자들의 사랑을 받으면 정식 출시하기도 한다.

포트넘 앤 메이슨에는 특히 왕실과 관련 있는 블렌딩 차가 많다. 화려한 재료보다 여러 산지의 잎차를 블렌딩하는 제품들이라 이름만 봐서는 무엇이 어떤 맛인지 짐작하기는 힘들다. 하지만 아직 판매하는 제품이 많으니 미리 알아두면 더 맛있는 홍차 생활을 즐길 수 있을 것이다.

로열 블렌드(Royal Blend, 1902년)와 퀸 앤(Queen Anne, 1907년)

포트넘 앤 메이슨하면 바로 떠오르는 대표 제품 두 가지다. 이름에서부터 왕실과 연관되었음을 한눈에 알 수 있다. 로얄 블렌드는 원래 에드워드 7세를 위한 특별 블렌딩이었다. 아쌈 홍차의 맛이 강하게 난다.

반면 퀸 앤은 실론 홍차의 비중이 높다. 브랜드 설립 200주년을 기념하여 설립 당시 통치했던 앤 여왕의 이름을 딴 블렌딩이다. 브랜드 설립 200주년 기념차라고 해도 현재 기준으로 출시한 지 100여 년이 지났으니 포트넘 앤 메이슨의 오랜 역사가 다시 실감난다.

두 제품을 같이 마시면서 비교하면 로열 블렌드가 확실히 쓰고 떫은맛이 난다. 영국인처럼 홍차를 마시다가 중간에 우유를 넣어 즐기기에는 로열 블렌드가 좋다.

하프 크라운 퍼펙션 블렌드(Half Crown Perfection Blend)

하프 크라운은 영국의 왕이 즉위하면서 발행하는 기념주화다. 포트넘 앤 메이슨에서는 빅토리아 여왕의 오랜 통치 후 새로 즉위한 에드워드 7세를 기념하여 이 홍차를 만들었다. 헤리티지 라인의 홍차라서 특별히 디자인된 틴으로만 판매한다. 틴 겉면에 주화를 그리고 뚜껑도 동전처럼 보이도록 디테일을 추가하는 등 시각적으로 이름의 의미를 충분히 나타낸다.

다즐링 퍼스트 플러시와 중국 운남 홍차라니, 듣기만 해서는 상상이 안 되는 조합이다. 첫 향은 다즐링의 풋풋하면서도 살짝 억센 풀의 느낌이 든다. 운남 홍차가 군고구마같이 스모키하고 구수한 단맛을 내면서 다즐링의 치기 어린 기운을 중화한다.

헤리티지 라인의 차들은 250g 용량의 아름다운 틴케이스에 담겨 판매된다. 근위병을 모티브로 한 가즈 블렌드 티Guard's Blend Tea, 가족을 타겟으로 한 하우스홀드 블렌드 티Household Blend Tea 등이 있다. 혼자 차를 마시는 경우 250g은 너무 많아서 웬만하면 구매하지 않지만, 하프 크라운 퍼펙션 블렌드의 맛이 좋아서 다른 헤리티지 제품에도 관심이 생긴다.

웨딩 브렉퍼스트(Wedding Breakfast, 2011년)

윌리엄 왕세손과 케이트 미들턴의 결혼을 기념해 출시한 홍차다. 아쌈과 케냐 홍차가 섞였다. 케냐에서 프로포즈한 것을 고려해 케냐산 홍차를 넣었다고 한다. 케냐는 커피 산지로 유명하지만 아프리카의 최대 차 생산지이기도 하다. 상쾌한 맛과 강한 바디감을 특징으로 한다.

다른 브랜드의 웨딩차는 달콤한 향과 화려한 블렌딩이 대부분인데 이 차는 유독 강하고 씁쓸한 맛이 난다. 케냐산 홍차 때문에 그런 맛이 나기도 하는 것이겠지만, '명색이 웨딩 차인데 꽃잎이라도 좀 더 넣어 줬어야지!' 하는 약간의 아쉬움도 든다. 맛과 향이 아침차로도 손색이 없기에 뒤에 '브렉퍼스트'가 붙지 않았나 한다.

크리스닝 블렌드(Christening Blend, 2013년)

조지 왕자의 세례를 기념하는 블렌딩이다. 다즐링에 얼그레이 방식으로 가향한 홍차이며 가향차 중에서는 보기 드물게 다즐링으로만 베이스를 이루었다. 그중에서도 여름에 딴 세컨드 플러시를 넣어 특유의 머스캣 향이 어렴풋이 난다. 홈페이지에 정확히 명시되지는 않았으나 푸릇푸릇한 잎도 섞인 것을 보면 봄에 딴 퍼스트 플러시도 어느 정도 있는 것으로 보인다. ^{다즐링에 대한} 자세한 설명은 마리아주 프레르 챕터에서 참고 가능하다. 세례에 익숙하지 않은 사람이어도 기품 있으면서 경쾌한 차의 분위기를 느낄 수 있다.

주빌리 블렌드(Jubilee Blend, 2013년)

엘리자베스 여왕의 즉위 60주년을 기념해 만들었다. 인도, 실론, 중국의 홍차를 블렌딩했다. 중국 홍차가 추가되면서 약간의 스모키함과 단 맛이 더해졌다. '대관식Coronation'은 대관식 60주년을 기념한 홍차로, 왕관 주변에 꽃이 그려진 틴케이스가 아름다우나 현재 공식 구입은 불가능하다.

웨딩 부케 블렌드(The Wedding Bouquet Blend, 2018년)

해리 왕자와 메건 마클의 결혼을 기념하는 한정판 차다. 틴케이스는 브랜드의 상징 색깔인 민트색에 부케 그림이 들어간 것이 상당히 현대적으로 보인다. 녹차를 베이스로 민트와 각종 꽃잎을 섞는 등 포트넘 앤 메이슨으로서는 파격적인 시도를 했다. 아이스티나 핫티 모두 어울리나 시원한 민트 향 덕분에 한여름에 아이스티로 즐겨 마시고는 했다. 현재 공식적으로 구할 수 없는 한정판 중에서 온고잉으로 재출시 되기를 바라는 차 중 하나다.

물론 포트넘 앤 메이슨만 왕실과 관련된 홍차를 출시한 것은 아니다. 특히 여왕의 즉위 60주년 기념이나 로열 웨딩은 놓칠 수 없는 마케팅 이슈라서 영국 내 유명한 홍차 회사들에서 한정판을 잇달아 출시했다. 현대에 아직 존재하는 왕실 문화가 반드시 좋다고 할 수는 없으나, 적어도 영국 차 문화의 시작과 발전을 함께 했다는 점은 분명하다.

영국의 장소 이름을 딴 홍차

런던에서의 홍차 여행이라고 하면 유명한 티룸이나 브랜드 매장 방문을 연상하게 된다. 하지만 홍차에 붙은 이름으로만 접했던 피카딜리, 소호 같은 장소에 실제로 가봤다는 것도 런던 여행의 묘미 중 일부였다. 추억거리가 필요할 때 여행지에서 사 온 홍차와 사진첩을 꺼낸다. 이 홍차에 는 왜 이 장소의 이름이 붙었을까? 이 장소의 매력이 홍차의 맛과 향에 어떻게 표현되었을까? 그렇게 사진으로 여행을 되새기면서 그 장소의 홍차를 마시는 즐거움을 누려본다.

DAY 1 피카딜리 블렌드 – 위타드

포트넘 앤 메이슨 매장에 가기 위해서는 피 카딜리 서커스 역에서 내려야 한다. 지하철 에서 나와 처음 피카딜리 거리에 발을 디딘 순간, 거리마다 걸린 영국 깃발 때문인지는 몰라도 런던의 대표적인 풍경이라는 느낌 이 확 와닿았다. 애프터눈 티도 마시고 산 책과 쇼핑도 하면서 상상 속 도시로만 남았 던 런던을 직접 몸으로 느껴보았다.

포트넘 앤 메이슨에서도 '피카딜리 블렌드' 를 판매했었지만, 단종되어서 매장에서도 찾아볼 수 없었다. 아쉬움을 뒤로 하고 대 신 위타드 매장에서 장미, 딸기, 연꽃 향을 가미했다는 피카딜리 블렌드를 구입했다.

영국의 또 다른 고급 홍차 브랜드인 위타드는 포트넘 앤 메이슨에 비해서 적당히 저렴하고 품 질이 좋다는 평을 받기도 한다. 하지만 가격만으로 평가하기에는 아쉬운 위타드만의 개성이 충 분하다. 위타드 매장의 분위기는 아기자기한 장미 정원에서 차를 마셔야 할 것 같은, 그러나 너무 귀족적이거나 딱딱하지는 않고 사랑스러운 느낌이다.

장미와 딸기 향이 난다고 해서 분홍색 꽃잎이 가득 들어있어야 할 것 같지만 의외로 파란 수레국화 꽃잎이 더 많이 보인다. 자연스러우면서도 달콤한 딸기 향 뒤에 은은하게 장미 향이 따라온다. 식물 하나 찾아보기 힘든 피카딜리 거리인데, 위타드가 왜 이런 꽃과 과일 가향 홍차에 피카딜리 블렌드라는 이름을 붙였는지 정확하게 밝히지는 않았다. 하지만 피카딜리의 활기찬 축제 분위기와 재미있는 볼거리들을 상상하였을지도 모르겠다는 생각이 든다.

위타드 홈페이지에서는 티푸드로 달콤한 케이크를 추천한다. 따뜻하게 마실 때는 녹차 생크림 케이크와 같이 먹어도 궁합이 맞을 것 같다. 꽃만 가득한 공간에 푸른 잎사귀를 꽂아 조화를 이루는 것처럼 말이다! 또한 시럽으로 만들어서 탄산수에 타면 입안에서 장미 향이 산뜻하게 남는 아이스티가 된다.

DAY 2 소호 – 얌차

세계 여러 나라에 소호 거리가 있지만, 특히 런던의 소호 거리는 오아시스와도 같은 곳이었다. 소호 거리는 전 세계 브랜드들이 집결한 옥스퍼드 서커스의 바로 뒤편에 있었다. 웅성거리고 소란한 옥스퍼드 서커스에서 수많은 사람들에게 치이다 보면 점점 피로해진다. 그때 소호에서 작은 찻집과 상점들을 둘러보면서 다시금 여행의 재미를 되살렸다.

소호의 찻집들은 현대 런던의 차 문화를 이끌어간다. 당시 방문했던 매장은 포스트카드 티Postcard teas와 얌차Yumchaa로 모던한 인테리어와 각자의 개성이 뚜렷했다. 포스트카드 티가 다원에서 엄선한, 전문적인 인상을 주었다면 얌차는 가향한 블렌딩 티를 주류로 하는 가운데 캐주얼한 분위기가 돋보인다.

얌차의 '소호 블렌드'는 오렌지 향이 달콤했지만 톡 쏘는 향신료 향이 나는데, 단정하면서도 약간 히피스러운 첫인상을 주어 조금 다가가기 힘들었다. 파란색 수레국화 꽃잎과 큼직한 오렌지 껍질이 차의 비주얼을 담당한다. 마른 잎보다는 한결 가벼운 오렌지와 정향이 코끝을 간질인다.

홈페이지에서는 '아늑한 소호의 한 카페를 형상화하기 위해 몸을 따뜻하게 하는 블렌딩을 사용했다'고 한다. 소호의 카페가 아늑하다고 하지만 집이나 시골 별장의 모닥불 근처와는 분명 다르다. 카페는 잠깐 쉬어가는 곳이고 집처럼 마냥 늘어질 수는 없으니까 말이다. 그래서 아늑함을 표현했다고 해도 적당히 경쾌한 향을 냈겠다는 생각이 든다.

여행자의 눈으로는 그 도시의 딱 한순간밖에 알 수 없다. 안타깝게도 소호에서는 어느 카페에서도 제대로 앉아서 쉰 적이 없었다. 그러나 그 도시에 사는 사람들은 여행자와는 달리 일상 속 어쩌다 작은 변화까지도 그 도시와 공유한다. 그런 사람들이 만든 차를 마시고 이름의 유래를 궁금해 하면서, 내가 직접 본 도시와는 또 다른 모습을 본다.

DAY 3 노팅힐 - 얌차

런던 여행 중 아쉬웠던 점은 주택 형태가 차갑고 천편일률적이라는 것이었다. 2층짜리 버스를 타고 숙소로 가는 길, 몇몇 지하철역을 지나 골목으로 굽이굽이 들어가다 보면 다 그곳이 그곳 같은 착각이 들고는 했다. 테이트 모던부터 세인트폴 대성당까지 걸으면서 흰색과 잿빛의 건축물에 약간 질리려던 토요일 오후, 노팅힐에서 열리는 포토벨로 마켓이 일요일에는 하지 않는다는 사실을 늦게 알고 다급하게 노팅힐로 향했다.

영화 속에 들어온 것처럼 아기자기하고 영국스러운 골목을 걸으며 금세 기분에 활기가 돌았다. 노팅힐 하면 가장 대표적인 이미지는 알록달록한 색깔의 건물이다. 주택과 상가 모두 파스텔톤

으로 색칠된 거리는 관광객들이 연신 셔터를 누르기에 충분하다.

이렇게 알록달록하고 활기차면서도 아기자기한 노팅힐의 이미지가 얌차의 노팅힐이라는 홍차에 표현되었다. 다양한 색깔의 건물을 담기라도 하듯 살구 조각, 딸기, 노란색과 파란색의 꽃잎을 넣어, 시각적으로 최대한 많은 색상을 보여준다.

우려내면 살구 향이 화사하게 퍼지면서 어느 정도 쓴맛도 나니 잼이 잔뜩 들어간 쿠키를 먹고 싶어지게 한다. 이 살구 향은 살구 과육만으로는 날 수 없는 향이므로 살구 가향이 추가로 된 것으로 추측하는데, 영화 〈노팅힐〉에 등장하는 '꿀에 절인 살구'를 모티브로 한 향이다.

노팅힐에 다녀왔고 영화까지 본 적 있는 차 애호가라면, 이 차를 통해 노팅힐을 찻잔에 담아 보는 것이 어떨까? 여행의 분위기를 오감으로 추억하면서 매일매일을 컬러풀하게 살아볼 수 있을 테니 말이다. 참고로 이 차는 냉침하면 인공적인 살구 가향이 너무 잘 올라오기 때문에 뜨겁게 마시는 것을 추천한다.

Ⅱ
마리아주
프레르

Mariage
Frères

프랑스의
대표적인 명품 홍차

스테디셀러인 '웨딩 임페리얼', '마르코 폴로'가 인기를 끌면서 국내에서도 알려진 프랑스의 고급 차 브랜드이다. 니콜라스와 피에르 마리아주로부터 시작해 마리아주 가문에는 여러 대에 이어 차 무역 노하우가 전수되었다. 이러한 노하우를 바탕으로 헨리와 에두아르 마리아주 형제가 가문의 이름을 딴 차 도매 회사를 운영하기 시작했다. (Frères는 프랑스어로 '형제'라는 뜻이다.) 제품 겉면과 홈페이지에 적힌 1854년은 이 회사의 설립연도이다.

그들이 수입하는 차는 주로 고급 호텔이나 티샵에 납품하는 용도였기에 일반인들은 거의 알지 못했다. 대중을 상대로 티샵을 운영하게 된 것은 설립 후 약 130년이 지나서였다. 마리아주 프레르의 가업을 이을 가족이 없었기에 키티 차 상마니와 리차드 부에노라는 젊은 외국인이 회사를 이어받게 되었다. 이때부터 마리아주 프레르의 최대 강점인 다양하고 화려한 가향 차들이 탄생하였고 포트넘 앤 메이슨, 로네펠트와 함께 세계 3대 홍차 브랜드에 오를 정도로 인기를 모았다.

본점은 파리 마레 지구에 위치한다. 여행객들이 자주 가는 에펠탑과 루브르 박물관 근처, 백화점과 공항에서도 구입 가능하여 접근성이 좋다. 단, 살롱 드 떼(Salon de thé)로 운영하는 곳에서만 앉아서 홍차 한 잔의 여유를 누릴 수 있으니 홈페이지에서 체크하자. 프랑스의 다른 도시와 영국 런던, 독일, 일본에서도 마리아주 프레르 매장을 만날 수 있다. 우리나라에서는 단독 매장은 아니지만 신세계백화점 일부 지점 식품관에서 판매한다.

1

프렌치 브렉퍼스트 티 French Breakfast tea
세련된 전통의 프렌치 브렉퍼스트

루브르 박물관에는 모나리자만 보러 간 것이었는데도 압도적인 규모와 수많은 전시품에 다리가 아파왔다. 박물관 지하에 있는 마리아주 프레르 티룸에서 차를 한 잔 마시며 휴식을 취했다. 차를 주문하려니 메뉴판이 두꺼운 책으로 되어 있다. 너무 많은 선택지에 오히려 더 혼란스러워서, 프랑스에 왔으니 프렌치 브렉퍼스트 티를 주문해보기로 한다.

프렌치 브렉퍼스트, 프랑스의 아침 식사라고 하면 바게트밖에 떠오르지 않으니 이름을 봐도 머릿속에 전혀 연상되는 향이 없었다. 풀바디Full-bodied라는 설명에 맞게 이 차의 블렌딩은 진한 맛을 내는 아쌈 홍차가 주류이다. 우려낸 차에 살짝 노란 색깔도 보여서 중국 홍차도 있는 것으로 추측한다. 찻잔을 코에 가까이 가져다 대면 구수한 몰트 향이 수증기와 함께 훅 들어온다.

몰트 향은 아쌈 홍차의 특징적인 향이다. 위스키나 맥주에서도 맡을 수 있는 몰트 향은 한국어로 굳이 번역하자면 엿기름 향이라고 한다. 개인적으로는 보리가 술로 변화하면서 내는 구수한 향이 떠오른다. 아마 칭다오 맥주 박물관에서 몰트 향을 처음 맡아봐서 그렇게 각인이 되었던 것 같다. 밤 향, 곡물 향, 고구마 향⋯ 개인의 경험에 따라

루브르 박물관 지하의 마리아주 프레르 티룸

몰트 향은 조금씩 다르게 묘사될 수 있다. 아직 아쌈 홍차를 마신 적이 없다면, 언젠가는 한 번 이 거칠면서 부드러운 홍차를 접해보면 좋겠다. 그리고 잠시 집중하여 몰트 향이 어떻게 다가오는지 느껴보자.

몰트 향에서 그친다면 프렌치 브렉퍼스트와 연상되지 않았을 텐데 마리아주 프레르는 여기에 초콜릿 향을 가미하여 세련되고 정제된 아침의 홍차를 탄생시켰다. 나중에 찾아보니 프랑스인들은 아침에 바게트만 먹는 것이 아니라 크로아상과 뺑 오 쇼콜라 같은 빵을 먹기도 하고 달콤한 잼을 곁들인다고 한다. 그렇게 보니 프렌치 브렉퍼스트 티에는 프랑스인의 아침 식사 향이 담겨 있구나 싶다.

마리아주 프레르는 러시안, 상하이, 아메리칸, 파리, 도쿄 브렉퍼스트 등 다양한 나라와 도시를 모티브로 브렉퍼스트 티를 만들었다. 프렌치 브렉퍼스트와 파리 브렉퍼스트는 어떤 차이가 있을까? 그리고 마리아주 프레르가 코리안 브렉퍼스트 티를 만든다면 어떤 향이 날까? 차를 마시면서 이런 상상을 해보는 것도 브랜드 홍차를 마시는 즐거움이라고 생각한다.

🍵 티 레시피

• 가을~겨울이라면 어떤 상황에서도 무난한 홍차이나 이름에 걸맞게 모닝커피 대용으로 마시는 것을 추천한다. 크로아상 한 개를 곁들인다면 잠깐이라도 파리지앵 느낌을 낼 수 있지 않을까?

2

파리-긴자 Paris-Ginza
홍차를 통한 도시들의 만남

도시를 모티브로 한 홍차는 여행을 좋아하는 사람들이 홍차에 관심을 가질 매개체가 되어주는 것 같다. 여행 작가의 책을 읽으면 시각으로 그 도시를 접할 수 있지만, 도시의 이름을 붙인 홍차를 마시면 후각과 미각으로 도시를 만날 수 있다. 특히 이미 다녀온 도시를 나중에 홍차로 접하면 은근한 기대감이 든다. 이 홍차를 제조한 사람은 나와 동일한 도시의 인상을 가지고 있을까? 아니면 완전히 다른 세계를 보여줄까?

마리아주 프레르는 도시를 모티브로 한 다양한 홍차들을 판매한다. 앞서 소개한 각 도시의 브렉퍼스트 티로도 모자라 파리-도쿄, 파리-싱가포르, 파리-상하이 등 파리와 다른 도시의 만남을 시도한다. 그런데 파리-도쿄뿐만 아니라 파리-긴자 홍차라니! 도쿄 도시 내에서도 고작 일부 지역인 긴자가 파리와 이름을 나란히 한다니 분명 특별하다. 긴자의 마리아주 프레르 매장에서 처음 파리-긴자 홍차를 발견했을 때, 이 매장을 대표하는 듯한 이름에 이끌려 어서 한국으로 가져가 마셔보고 싶었다.

마리아주 프레르를 본격적으로 대중에게 선보인 경영자 상마니가 일본차에 관심이 많아서인지, 아직도 마리아주 프레르는 일본 문화에 지속적인 애정을 보인다. 매년 봄 사쿠라 블렌딩 차를 대대적으로 판매하며, 아시아에서는 유일하게 일본에만 매장을 두었다. 일본 내에서도 마리아주 프레르의 인기가 높아, 교토 국립박물관이 개관 120주년을 맞았을 때 콜라보레이션으로 교토 얼그레이를 한정 출시하기도 했다.

도쿄 긴자의 매장은 마리아주 프레르의 현존하는 일본 매장 중 가장 오래된 곳이니, 일본을 사랑하는 이 브랜드에게는 긴자가 아주 의미 있는 장소다. 파리-긴자는 긴자 거리 자체에서 영감을 받았다기보다 긴자에 자주 다니는 상류층의 이미지를 형상화했다는 인상을 준다. 오랫동안 프랑스 차 문화를 사랑해 온 우아한 이미지의 여성이다. 붉은 베리류 과일과 캐러멜이 가향되어 고급 디저트를 연상하기도 한다. 홈페이지에 게시된 사진처럼 빨갛지는 않지만 큼직큼직한 딸기 조각이 들어 자연스러운 베리 향을 더해준다.

파리-긴자 티테이블

    베리류 과일 향만 있었으면 다소 어린 느낌이 났을 수 있지만 캐러멜과 합쳐지니 약간 톤다운 되어 성숙한 느낌이 난다. 차맛이 가벼워 연하게 흩어지는 것이 아쉬우니 디저트와 함께 즐길 때는 조금 더 진하게 우려본다.

🍵 티 레시피

- 날씨가 서서히 풀리면서도 아직 아이스티를 마시기에는 추운 3월쯤 마시는 것을 선호한다. 달콤한 향을 지닌 따뜻한 홍차가 봄의 설렘을 조심스럽게 채워준다.
- 가볍게 즐길 때는 물과 찻잎의 비중을 100:1로 3분 동안 우려도 괜찮으나 조금 더 진한 향기와 바디감을 더하고 싶다면 75:1로 조절해도 좋다. (ex. 물 300ml에 찻잎 4g)

3

다즐링 마스터 Darjeeling Master
수수하고 묵직한 다즐링

다즐링은 복합적이고 화사한 향으로 '홍차의 샴페인'이라는 별명이 붙었지만 개인적으로는 아주 오랫동안 다즐링과 친해지지 못했다. 홍차를 즐기기 시작할 시절 가향차를 주로 마셔서기도 하다. 품질 높은 다즐링은 그 자체로도 섬세하니 가향차의 베이스로 사용하기는 쉽지 않다. 게다가 저렴한 티백으로도 다즐링을 마신 적이 없는데 테이스팅 수업에서 처음부터 최고급 다원 다즐링을 마시려니 꽤나 고역이었다. 그 맛이 그 맛 같은데 어떻게 각 다원의 차이를 파악한다는 건지 혼란스러웠다.

　홈페이지에서 제품 설명을 꼼꼼히 읽고 구매 리스트를 미리 작성해
가도 막상 여행지에서 차를 만나면 어느 정도 충동구매를 하기 마련이
다. 이 홍차와의 만남도 그런 충동구매에
서 시작했음을 고백해본다. 마리아주 프
레르 본점에 왔으니 한국에서 구할 수 없
는 것을 사야겠다 싶었다. 다즐링 코너에
서 눈에 들어온 '다즐링 마스터'. 시음기
도 거의 없어서 매우 희귀해 보였다. 마스
터라는 이름에 화사하면서도 달콤한 샴
페인의 향이 톡톡 터질 것이라 기대하며
한국으로 돌아왔다.

　뭔가 잘못되었음을 깨달은 것은 홍
차 틴에서 'DARJEELING TGFOP'라
는 문구를 뒤늦게 발견하고서였다. 다즐
링의 최고 등급은 'SFTGFOP'이며, 마
리아주 프레르에는 'FTGFOP' 중에서
도 살 만한 가격대의 다즐링들이 있는데
'TGFOP'를 사다니… 홍차 등급을 책에

다즐링 마스터 티타임

서 보고 그냥 머릿속에서 넘긴 탓이었다. 게다가 맛과 향도 수수하고
구수하니 기대했던 다즐링과는 달랐다. 그렇게 이 차는 한동안 거의
줄어들지 않은 채 책꽂이 한편에 조용히 자리하였다.

그러다 운이 좋게도 취향에 맞는 다즐링을 만났고 시음회도 참여해보면서 조금씩 다즐링의 매력에 스며들었다. 찬바람이 불면서 점점 담백한 홍차가 그리워지니 이 홍차를 조용히 우려보았다. 봄, 여름, 가을에 딴 다즐링들이 섞였다. 각 계절의 다즐링이 한 차에 모두 담겼고, 중후한 인상이 마스터라는 이름과 어울린다고 다시 생각해본다.

봄 차의 치기 어린 푸릇함이 어쩌다가 코에 들어오기도 한다. 하지만 전반적으로는 가을비가 내리는 숲을 연상시킨다. 가을 다즐링이 비에 젖은 나무가 뿜어내는 묵직한 목재 향기를 담당하고, 여름 다즐링 덕분에 나뭇잎의 달콤한 내음이 난다. 어렸을 때『큰 숲속의 작은 집』을 즐겨 읽었는데 책 속 통나무집에 산다면 아침마다 이런 향을 느낄 수 있을 것이라는 생각에 이 차가 더더욱 소박하고 단정해 보인다.

홍차에 빠져들게 된 큰 이유는 다양성이었다. 가향차는 블렌딩 재

SFTGFOP

다즐링의 등급을 나타내는 'Super Finest Tippy Golden Flowery Orange Pekoe'의 앞 글자를 땄다. 보통 찻잎의 등급은 어린잎이 많을수록 올라간다. 좋은 다즐링의 등급은 새싹과 어린잎으로 만들었다는 'FOP'를 시작으로, 앞에 Golden, Tippy, Finest, Super가 순차적으로 붙는다. 더 좋은 차는 SFT-GFOP로도 모자라 별명을 추가로 붙이기도 한다. 그래도 어린잎의 섬세함보다 성숙한 잎의 풍부하고 진한 맛이 더 취향일 수도 있으니, 가격이 높을수록 무조건 더 맛있다고 보장할 수는 없다.

료와 인공착향을 거쳐 무궁무진한 선택의 즐거움을 안겨 주었다. 그러나 가향되지 않은 홍차도 블렌딩을 절묘하게 하면 새로운 세계를 창조할 수 있다는 것을 봄, 여름, 가을의 다즐링을 각각 마셔보고 이 차를 마시면서 실감했다. 그런 면에서 다즐링의 맛을 조금이라도 더 알게 된 것은 소중한 경험이라고 할 수 있다.

🫖 티 레시피

- 다즐링은 섬세하기 때문에 밀크티로 마시는 것은 추천하지 않는다. 특히 이 차는 다즐링 중에서는 맛이 깊고 진한 편임에도 불구하고 스트레이트로 마실 때 훨씬 본연의 매력을 잘 드러낸다.
- 틴에 '브렉퍼스트 다즐링'이라고 쓰인 대로 아침에 적당히 산뜻하게 즐기면 좋은 홍차다. 아주 피곤해서 강한 맛이 필요한 아침에는 조금 무리일 수 있지만 말이다.

4
밀키 블루 Milky Blue
서양인, 대만 우롱의 밀키향에 반하다.

파리 여행을 준비하던 당시 인터넷에서 차 시음기를 이것저것 보다가 밀키 우롱을 처음 알게 되었다. 밀크티도 아닌데 우유 향이 나는 찻잎이라니 호기심이 든다. 게다가 밀키 우롱의 원조가 실제로는 아무 가향을 하지 않은 천연의 우롱차라니! 그 주인공은 금훤 우롱으로 1980년대에 처음 등장한 대만의 차 품종이다. 금훤 우롱을 마셔보면 분유 같은 향기와 함께 살짝 느끼하면서도 고소한 여운이 남는다. 대만 사람들은 이 찻잎에서 나는 향을 '유향'으로 명명했고 서양에서 번

프랑스 디저트와 함께한 밀키 블루

역하면서 밀크 우롱 또는 밀키 우롱이 되었다.

티 블렌더들은 더 좋은 차를 구하기 위해 전 세계의 다원을 돌아 다닌다. 동양차에 관심을 기울이는 티 브랜드에서는 일본이나 대만에 좋은 차를 구하러 가기도 한다. 티 블렌더들이 처음 금훤 우롱을 마 시고 그 독특한 개성에 당연히 매료되었을 것이다. 금훤 우롱을 마시 고 싶어하는 사람들이 많아지면서 금훤 우롱보다는 조금 품질이 낮 은 우롱차에 우유향을 첨가한 제품이 나오기 시작했다. 서양의 티 브

랜드에서 판매하는 밀키 우롱은 그렇게 태어났다. 마리아주 프레르
의 밀키 블루도 인공 가향을 덧입혀서 실제 잎보다 더 직관적이고 강
한 향기가 난다. 연유처럼 달콤하면서 데운 우유의 고소한 향이 찻잔
을 가득 메운다.

왜 유독 마리아주 프레르에서만 밀키 우롱을 밀키 블루라고 부를
까? 6대 다류 중 청차를 영어로 번역하면 블루 티가 된다. 원래 우롱
차는 반발효차인 청차의 한 종류였으나, 우롱차가 워낙 차지하는 비

🍵 **티 레시피**

• 우롱차는 홍차보다 낮은 온도에서 우려야 하며 처음부터 물을 낮은 온도로 끓이는 것보다
  는 완전히 끓인 물을 식히는 것이 좋다고 알려져 있다. 끓인 물을 내열 유리 티팟에 부어
  한 김 식히고 다른 티팟에 그 물을 다시 부어 우려낸다. 바게트보다는 마카롱과 더 잘 어
  울리는 우롱차다.

중이 크다 보니 청차와 우롱차를 거의 같은 의미로 부르게 되었다. 마리아주 프레르는 '블루 티'의 상표권을 등록하여 모든 우롱차를 '블루 티'라고 부른다. 때문에 다른 브랜드에서는 '밀키 블루'라는 명칭을 쓰지 못한다. 너무하다는 생각이 들지만 아무래도 '밀키 블루'가 '밀키 우롱'보다는 좀 더 낭만적으로 다가온다.

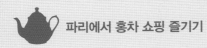 파리에서 홍차 쇼핑 즐기기

홍차의 도시라고 하면 대부분 런던을 연상하지만, 유럽 여행 중 대규모 홍차 쇼핑의 즐거움을 처음 안겨준 곳은 파리였다. 영국 브랜드의 홍차가 차분하고 균형 잡힌 맛과 향을 보여준다면 프랑스의 홍차는 화려하고 황홀한 향이 압도적이다. 게다가 굳이 홍차를 사려고 마음먹고 가지 않아도, 쇼핑도 하고 관광도 하면서 가볍게 홍차를 살 수 있는 곳이 바로 파리다. 백화점에서는 영국이나 미국 브랜드 차들도 한국에 비하면 부담 없는 가격에 구매 가능하다. 그러니 파리에서 홍차 쇼핑을 하지 않을 이유가 없다!

1 마레 지구

파리의 쇼핑 중심지 마레 지구. 마레 지구에서 쇼핑을 하기로 한 날은 컨디션이 별로 좋지 않았지만 마리아주 프레르 본점에 도착한 순간 상상으로만 그려왔던 '그곳'에 도착했다는 전율에 밝은 표정으로 들어섰다. 차분하게 톤다운 된 조명과 검정색 틴을 배경으로, 가끔 프랑스의 국기 색깔을 띤 틴과 사쿠라 틴, 반짝반짝한 다구가 포인트를 주는 정숙한 공간이었다.

마리아주 프레르 본점의 직원은 친절하면서도 차에 대한 지식이 풍부했다. 유럽의 차 상점에는 신기하게도 남성 직원이 많은 편인데 인상적인 경우는 두 부류로 나뉜다. 훤칠한 키와 준수한 외모의 서양인과 차분하면서도 전문적인 모습의 일본인. 마리아주 프레르에서는 둘 다 만나볼 수 있다.

본점답게 박물관과 티룸도 있지만 마레 지구의 다른 곳들도 둘러보고 싶은 마음이 더 컸다. 다음 날 루브르 박물관에 가면 근처의 마리아주 프레르 티룸을 이용하기로 하고 매장을 나섰다. 다음으로 발견한 곳은 르 팔레데떼. 초록색을 트레이드마크로 하는 젊은 브랜드다. 가장 눈에 띄는 것은 시향 코너의 찻잎 위에 씌워진 유리 뚜껑이었다. 단순히 찻잎의 향을 보존하기 위한 도구치고는 손잡이가 긴 편인데, 찻잎에 코를 가져다 댈 필요 없이 뚜껑의 향기를 맡아도 충분히 시향이 가능하다. 티백을 몇 종류 구입했더니 샘플티를 두어 가지 받았다. 티백 포장과 완전히 똑같아서 숙소에서 티백인 줄 알고 뜯었다가 잎이 들어있어서 당황했다.

르 팔레데떼에서 멀지 않은 곳에 쿠스미가 있었다. 흰색의 세련된 간판을 지나 러시아 인형 마트료시카처럼 알록달록하고 아기자기한 틴들을 구경했다. 당시에는 마리아주 프레르에 한참 빠졌을 때라 쿠스미라는 브랜드가 너무 생소했지만 한국에서 쿠스미의 디톡스 티를 맛있게 마셨던 기억이 났다.

쿠스미의 장점은 미니 틴이 있어 소량 구매가 가능하다는 것이다. 청량한 민트색의 작은 디톡스 티 미니 틴을 하나 집어 들고 가볍게 매장을 나섰다. 마레

지구에서는 또 맛집을 빼놓을 수 없다. 파리에서 유학 중인 언니로부터 추천받은 식당에서 오리 넓적다리에 맥주를 곁들여 하루를 마무리했다.

파리를 떠나기 전날, 마레 지구를 다시 찾았다. 좁은 길을 굽이굽이 돌아 걷다가 마침내 오랜 세월이 묻은 붉은 벽돌 건물을 만났다. 아케이드를 따라 늘어진 상점들 중에 보주 광장만큼이나 오래된 티 브랜드인 다만 프레르가 있다. 본점답게 큰 규모의 매장 벽에는 귀퉁이가 빨갛게 칠해진 세련된 검정 틴들이 가득했다. 티포트 미니어처가 깜찍하게 매달린 인퓨저에도 자연스럽게 눈이 돌아갔다.

아직 한국에 다만 프레르가 진출하지 않았을 때라서 차에 대한 정보가 별로 없었다. 다행히 시향 코너가 잘 갖춰져서 신중하게 선택하는 데 도움이 되었다. 만리타국에서만 만날 수 있는 홍

차 매장에서 찻잎을 찬찬히 보고, 시향을 하는 행위는 단순한 구매의 목적을 넘어 일종의 놀이와도 같았다. 티룸은 따로 없어 아쉬웠지만 다만 프레르의 홍차들을 한가득 들고 보주 광장의 잔디밭과 분수대 근처를 호젓하게 거닐어보았다. 다시는 눈에 담기 쉽지 않을 반짝이는 시간들이 켜켜이 쌓여갔다.

❷ 봉마르쉐 백화점 식품관

선물용 간식거리를 살 목적으로 봉마르쉐 백화점 식품관에 갔다. 그 넓은 식품관 내에서도 차 코너가 이렇게 알차다니 파리를 사랑하지 않을 수 없다. 멀리서도 눈을 사로잡는 포트넘 앤 메이슨의 민트색 포장이 보인다. 영국 브랜드인 포트넘 앤 메이슨의 실물을 파리에서 처음으로 갑작스럽게 만나다니!

역시 가향차에만 관심을 두었을 때라 포트넘 앤 메이슨에서 사고 싶은 품목이 떠오르지 않았지만, 로열 블렌드와 퀸 앤이 유명하다는 것 정도는 알았다. 조심스럽게 25개짜리 티백을 한 박스씩 집어들었다. 로열 블렌드와 퀸 앤의 맛 차이도 구별하기 어려워했던 그때의 내게 한마디 해주고 싶었다. "봉마르쉐 백화점에서 포트넘 앤 메이슨 과일 가향차도 샀었어야지!"

국내 백화점에서 구경만 했던 티포르테도 눈에 띄었다. 티포르테는 삼각 티백 끝에 달린 나뭇잎 디자인이 특징적인 미국 브랜드다. 처음 마시는 브랜드는 아무래도 샘플러를 사야 실패 없이 무난하게 마신다. 10개짜리 허브차 샘플러를 카트에 담는다. 마리아주 프레르, 포숑 등 브랜드도 매장보다 종류는 적지만 식품관에 입점했다.

5박 6일이라는 짧은 시간 동안 일반 관광지만 방문하기에도 빠듯한 일정이었다. 홍차만을 위해 마음먹고 멀리까지 찾아갈 필요가 없어 효율적인 동선이었지만, 티룸은 원하는 만큼 충분히 가지 못하여 아쉽다. 다음에는 마리아주 프레르 본점뿐만 아니라 니나스, 포숑, 쿠스미에서 운영하는 티룸에서 각 브랜드의 분위기를 느껴보고 싶다.

III
다만
프레르

Dammann
Frères

오랜 전통의
프랑스 티 브랜드

다만 프레르는 프랑스에서 가장 오래된 홍차 브랜드로, 그 역사는 루이 14세가 다만 씨에게 프랑스 내의 차 판매 독점권을 부여하면서 시작한다. 제품 겉면에 쓰인 1692년이 바로 이 시기다. 장 라퐁드가 다만 형제 중 하나인 로버트 다만에 이어 장 라퐁드가 경영권을 잡으면서 현대식 가향차를 개발하기 시작했다. 다만 프레르의 차 사업은 더욱 발전하였으며 현재 다만 프레르의 스테디셀러는 모두 가향차가 담당할 만큼 비중이 높다.

다만 프레르는 전통과 역사가 깊지만 B2B 위주로 거래를 진행하였으며 파리 보주 광장에 최초의 부티크 매장을 운영한 지 불과 10여 년밖에 되지 않았다. 그럼에도 브랜드의 오랜 역사와 전통이 주는 인상이 매장 곳곳에서 드러난다. 파리 시내의 매장은 6개이며 해외의 직영 매장은 소수이지만 세계 62개국에 수입 판매업자를 통해 제품을 공급한다.

우리나라에서는 광화문 서울 파이낸스 센터 매장과 면세점에서 판매를 시작하면서 점점 친숙한 홍차 브랜드가 되고 있다. 광화문 매장은 티룸을 겸하여 운영 중이며 밀크티나 홍차 빙수 등의 메뉴도 판매한다. 티백 및 잎차 소분 구입도 가능하여 혼자 마실 정도의 찻잎을 구하기에도 좋다.

1

폼 다모르 Pomme d'amour
이미 알고 있는 사과 향 홍차에 질렸다면

과일 향 홍차는 익숙하면서도 너무 직관적이기 때문에 호기심이나 탐구심을 가지고 마시지는 않는다. 사과처럼 우리나라에도 익숙한 과일 향을 첨가한 경우는 더욱 그렇다. 다만 프레르에서 살 쇼핑 리스트를 만들려고 인터넷을 검색하다가 '사랑의 사과'라는 이름의 홍차가 높은 인기를 누리고 있다는 사실을 알게 되었다. 무슨 사과 향 홍차가 그렇게 대단한가 싶었는데 시향한 순간 원래 알던 사과 향 대신 구워서 갈색이 된 사과 향기가 진동했다. 체리 브랜디인 마라스키

노를 가향하여 깊은 술 향도 났다. 우린 차에서는 영락없는 사과 파이 향이 난다.

폼 다모르는 디저트의 일종으로 쉽게 번역하자면 사과 사탕이다. 원래 미국에서 유래했으며 사과 한 개를 막대기에 꽂아 설탕과 물엿을 녹인 액체를 묻혀서 만든다. 한국 번화가에서도 판매하는 중국의 과일 꼬치 탕후루와도 비슷한 맛이다. 폼 다모르는 녹인 초콜릿이나 캐러멜을 추가로 씌우는 등 여러 가지 버전이 있다는 점이 탕후루와는 다르다.

일본 등 다른 나라에서도 즐겨 먹는 전세계적인 디저트인데, 달콤한 맛과 붉은 색깔 덕분인지 유독 프랑스에서는 사랑의 사과라는 좀 더 낭만적인 이름으로 불린다. 여태까지 실망을 안겨주었던 모든 사과 가향차를 다 잊어버리게 할 만큼, 폼 다모르는 이름만큼이나 사랑스러운 홍차다.

사과 파이와 함께한 폼 다모르

인퓨전(infusion)

차나무의 잎이 전혀 들어가지 않았지만 차처럼 마시는 음료다. 티잰(tisane)
이라고도 하는 허브티는 인퓨전의 대표적인 한 종류이다. 티는 원래 차나무의
잎으로 만든 음료를 지칭하므로 서양 티 브랜드의 허브티와 과일차는 겉면에
'Herbal infusion', 'Fruit infusion'으로 표기하는 제품이 많다. 찻잎은 커피
와 달리 디카페인 제품이 거의 나오지 않으므로 여행 중 방문한 홍차 가게에서
카페인이 없는 것을 사고 싶다면 인퓨전을 찾으면 된다.

한편 이 글을 쓰면서 다만 프레르 홈페이지에 접속했더니 폼 다모
르의 과일 인퓨전 버전이 새로 출시되었다. 홍차 대신 사과조각을 베
이스로 사용하여 카페인도 없애고, 조금 더 구운 사과의 특징을 강화
하였다. 올가을에 하루를 마무리할 차로 만날 수 있기를 기대해본다.

 티 레시피

- 떫은맛이 거의 없어 가볍고 산뜻하므로 오후에 마시기에 좋다.
- 평소 홍차의 모티브가 되는 음식을 그 홍차와 매칭하는 것을 좋아하지만, 사과에 설탕을
  입힌 디저트는 너무 단맛이 강해서 이 차의 맛을 묻어버릴 우려가 있다. 사과 타르트 정도
  가 적당하다. 티에리스 테이스팅룸에서 먹은 애플 크럼블에 영감을 받아 만들어 보았는데
  역시 이 차와 잘 어울린다!

2

쟈뎅 뒤 뤽상부르 Jardin du Luxembourg
파리의 화려한 정원 한 잔

혼자 여행을 가면 꼭 둘러보려고 하는 곳이 세 군데 있다. 찻집, 서점, 그리고 정원이다. 그중에서도 정원 산책이 가장 즐거웠던 국가는 프랑스였다. 처음에는 지베르니 모네의 정원이 지닌 자연스러운 색채의 향연과 햇빛에 반짝이는 연못에, 베르사유 정원의 압도적인 규모와 정돈된 아름다움에 감탄하곤 했다. 하지만 여행을 마칠 즈음에는 일상에서 화려함을 누릴 수 있는 뤽상부르 공원에 더 마음이 갔다. 뤽상부르 공원은 유명한 관광지이면서 도시의 오아시스이기도 하다. 푸른 잔디밭에는 사람들이 편한 자세로 휴식을 취하고 성 앞에는 온갖 색깔의 꽃이 피어난다.

다만 프레르에서 뤽상부르 공원의 이름을 딴 이 차를 만났고 매우 기쁜 마음에 즉시 시향을 해보았다. 돌돌 말린 푸릇한 우롱차와 분홍색 장미꽃잎, 흰색 자스민 꽃봉오리가 보인다. 꽃들의 농염하고 살짝 매캐하면서도 아찔하게 달콤한 향이 풍긴다. 푹푹 익은 달콤한 향이 나는 것은 이 차에 메론 향이 첨가되었기 때문이겠다. 비록 존재감은 미미하지만, 다만 프레르에서는 이 차에 산사나무꽃, 알로에베라, 자두꽃, 아카시아꽃의 향까지 가향했다고 소개한다. 구매 계획에는 없었지만 사지 않으면 분명 후회할 것이라는 확신이 들었다.

어떤 차들은 말린 잎과 찻물의 향이 너무 다르거나, 맛이 겉돌아서 마시는 사람을 실망시키고는 한다. 반면 이 차는 잘 우려낸다면 말린 찻잎의 향이 거의 그대로 찻물에 녹아든다. 향기뿐만 아니라 찻물에

쟈뎅 뒤 뤽상부르 티테이블

서도 은근한 단맛이 난다는 것이 장점이다.

차를 즐겨 마시지만 주로 우롱차 중에서도 발효도가 높은 종류나 홍차를 마신다. 녹차에 가깝게 맑고 풋풋한 우롱차는 몸에 맞지 않는지 혀에 잘 달라붙지 않고 마시고 나서도 약간 머리가 아프다. 개인 기호와 체질에 따라 다르며 이와 정반대로 홍차는 거의 마시지 않는 다인(茶人)도 있다. 이 차는 우롱차 특유의 맛과 향이 많이 묻힌 편이라 두통을 유발하지는 않지만, 이 차를 마시면서 '우롱차 대신 홍차가 들어가면 어땠을까?'라는 상상도 해본다.

그래도 우롱차를 사용한 덕분에 돌돌 말린 찻잎이 자스민 꽃봉오리와 함께 따뜻한 물속에서 피어나는 모습을 볼 수 있다. 엽저를 바라보다가 문득 가을 낙엽처럼 살짝 갈색으로 바랜 찻잎을 발견한다. 겨우내 웅크려 있던 잎과 꽃이 봄처럼 따뜻한 물을 만나 피어오른다. 물속에서 푹푹 찌는 여름을 거쳐 화려한 정원 한 잔이 완성되었다. 한 잔을 마무리할 때쯤 정원의 가을이 다가온다. 꿈보다 해몽이라고, 다만 프레르는 그런 의도를 가지고 만들진 않았겠지만 이 한 잔에 뤽상부르 정원의 사계절이 다가왔다.

☕ 티 레시피

- 핫티로 음용시에는 마리아주 프레르의 밀키 블루처럼 끓는 물을 한 김 식혀 우려내 떫지 않고 부드러운 단맛을 즐겨보자.
- 냉침으로 마신다면 한 김 식힌 물에 살짝 우려 찻잎을 풀어주어야 맛과 향을 충분히 끌어올릴 수 있다. 살짝 우릴 때 시간은 1분 이내로 한다. 우려낸 물은 버리고, 남은 찻잎 5g에 생수 500㎖을 붓고 8시간가량 냉장고에 둔다.
- 급랭으로 즉석 아이스티를 만들 경우 얼음 6~7개에 뜨거운 티를 붓고 탄산수를 100~150㎖ 가량 첨가하면 우롱차 특유의 비린내를 줄이고 상쾌하게 마실 수 있다.

3
빠시옹 드 플레흐 Passion de fleurs
무릉도원의 새콤달콤한 백차

녹차와 홍차, 요즘 좀 알려지기 시작한 보이차와 우롱차까지는 익숙해도 많은 사람들에게 백차는 아직 낯설다. 현재의 백차가 모습을 드러낸 지는 얼마 안 되었으나 중국에서는 오래전부터 백차를 만들어 왔다. 백차는 여러 면에서 동양적인 상상력을 자극한다. 약간 푸르스름한 은빛을 띤 흰색 잎, 달빛처럼 부드러운 노란색의 찻물, 백호은침 Silver Needle 이나 백모단 White Peony 같은 이름까지도.

백차는 차의 새순만을 딴 후 비비
거나 산화시키는 과정을 생략하고, 햇
빛에 말려서 만든다. 심플함의 정석을
보여주는 차다. 만드는 방법은 간단해
보일지 몰라도 맛있게 시들게 하는 기
술은 아무나 가질 수 없는 법이다. 다
만 프레르와 마리아쥬 프레르 등 여
러 서양 브랜드에서도 백차에 주목하
기 시작했다. 마리아쥬 프레르는 같은
향기를 홍차, 녹차, 백차에 입혀 여러

빠시옹 드 플레흐 티 펀치

버전으로 판매하고 다만 프레르에서도 가향 백차 제품이 갖추어졌다.
이들이 사용하는 백차는 중국 외에도 인도, 네팔, 스리랑카, 심지어
아프리카에서 생산하기도 한다.

다만 프레르의 가향 백차 중 가장 편하게 다가갈 수 있는 빠시옹 드
플레흐를 마시기 위해 봄의 문턱까지 기다렸다. 겨울에는 아무래도 구
수한 홍차나 보이차가 더 잘 어울리기도 하고, 백차 자체가 몸을 차게
하는 성질을 가져서이기도 하다. 수족냉증으로 고생할 정도로 몸이
찬 편이라 백차를 추울 때 마시고 싶지 않았다. 차를 마시면서 계절의
변화와 몸 상태, 마음 상태에 조금 더 귀 기울이게 되었다.

살구 향과 패션프룻, 장미 향이 솜털처럼 은은하게 퍼진다. 샘물처
럼 맑고 입안에 살구의 잔향이 남는다. 티백으로 마셔서인지 잎이 백
호은침이나 백모단처럼 큼직하지는 않고 잘게 잘렸다. 그래도 홍차

와 녹차보다도 여린 맛을 내야 하는 가향차 베이스로의 역할은 톡톡히 해낸다. 문득 백차를 마시기 전 가졌던 막연한 상상이 다시 피어올랐다. 복숭아 향과 꽃향기가 아련한 무릉도원의 물처럼 맑고 달콤한 차다. 품질이 높은 백호은침이나 백모단에서도 느낄 수 없는 감각을 선사한다.

🍵 티 레시피

- 백차를 마실 땐 물 온도를 낮추어 80~85도로 우린다. 봄~여름에 마시기 좋으며 급랭 아이스티로 만들어도 향을 잃지 않는다. 특히 아래 방법으로 백차 티 펀치를 만들어보자. 맛도 산뜻하고 색깔도 홍차보다 연해서 과일과 잘 어울린다.
- 준비물(500ml 기준) : 빠시옹 드 플레르 티백 2개 또는 잎차 5g, 딸기 2개, 키위 1/2개, 레몬 1/4개

    1. 딸기는 세로로 4등분하고, 키위와 레몬은 작게 썰어준다.
    2. 빠시옹 드 플레르를 200ml, 80~85도의 물에 4분간 우린다.
    3. 차가 우러나는 동안 1의 과일을 유리잔에 채우고, 나머지 공간을 얼음으로 채운다.
    4. 차가 다 우러나면 설탕 1큰술을 넣고, 설탕이 다 녹은 차를 유리잔으로 붓는다.

꼬끌리꼬 구르망 Coquelicot Gourmand
양귀비 꽃잎의 반전 매력과 향의 레이어링

양귀비라고 하니 웬 홍차에 아편이 들었나 할 수 있지만, 여기서의 양귀비는 개양귀비로 주로 색을 내거나 관상용으로 사랑받는 식물이다. 한 송이의 꽃잎은 얇고 하늘하늘하며 힘없어 보이지만, 붉은 개양귀비가 들판에 가득 피면 장관을 이룬다. 모네의 그림 〈아르장퇴유의 양귀비 들판〉처럼 서정적인 인상을 주기도 한다.

양귀비가 이름에 들어간 홍차이니 꽃향기가 화려할 것으로 지레짐작했다. 그 기대와는 약간 다르게 이 차에서는 오히려 아몬드를 넣어

꼬끌리꼬 구르망의 찻잎

구운 과자처럼 달고 고소한 냄새가 먼저 났다. 구르망 향은 달콤한 음식에서 나는 향기로, 향수의 향을 분류할 때도 구르망 노트라는 용어를 사용한다고 한다. 개양귀비꽃의 향을 넣은 달콤한 과자라는 뜻에서 이 홍차의 이름이 탄생하였다. 정신을 아주 집중하여 체리 향에 가까운 꽃향을 음미해본다.

 마실 때도 아주 강렬하게 남지는 않지만 과자의 풍미를 어느 정도 유지한다. 대신 양귀비의 붉은 꽃잎과 수레국화의 파란 꽃잎을 넣어 시각적 아름다움만은 잃지 않았다. 개양귀비가 가진 양면의 매력을 발산하는 홍차다. 눈으로는 꽃들이 어우러진 전원적인 풍경을 보고, 코와 입으로는 항상 먹던 친근한 비스킷을 먹는다.

 꼬끌리꼬 구르망에서 나는 향기는 찻잎 자체나 같이 들어간 꽃잎에서 나는 것이 아니다. 아몬드와 비스킷, 과일 향들을 인공적으로 입혀서 나는 향이다. 특히 개양귀비꽃의 향을 표현하면서 체리, 라즈

베리, 제비꽃 향료를 레이어링했다는 점이 재미있다. 아직 개양귀비의 향기를 맡아보지 못했지만 체리 향을 꽃향이라고 어렴풋이 느꼈는데, 아마 제비꽃 향료의 냄새를 아는 상태였다면 차를 마시면서 함께 만났을 것이다.

홍차를 배우면서 '향수를 마시는 듯하다'라는 말을 안 좋은 의미로 사용해 왔다. 차의 맛이 편안하지 않고 지나치게 향이 강해서 역할 때 향수를 연상했었다. 앞으로는 잘 만들지 못한 가향차라도 향수 같다는 말을 부정적으로 쓰지는 말아야겠다. 이 차를 마시면서 향의 블렌딩도 차의 블렌딩만큼 무궁무진한 세계라는 사실을 경험했으니 말이다.

☕ **티 레시피**

- **핫티** : 위의 글은 끓는 물로 우렸을 때를 기준으로 하였다. 우롱차를 우리듯 한 김 식힌 물로 우리면 체리 향과 신맛이 조금 더 두드러지는 경향을 보인다. 짜거나 담백한 것보다는 살짝 단맛의 티푸드가 훨씬 어울린다. 향기가 너무 강하지 않고 표면에 설탕이 뿌려진 비스킷이나 쿠키를 곁들여보자.
- **아이스티** : 홈페이지에서 아이스티를 추천하는 데는 이유가 있다. 6g의 차를 300㎖의 끓는 물에 우린 후 차가운 얼음에 급랭시킨 아이스티는 오히려 핫티보다 더 진한 개성을 보여준다. 과자 향은 우디한 향으로 더 성숙해지고 체리 향이 진해서 술을 마시는 듯한 착각이 든다.

5

올드맨 티 Old man tea
중후한 매력의 홍차

예쁜 이름 때문에 마시고 싶어지는 홍차가 있는 반면 별로 호기심이 들지 않는 홍차도 있다. 올드맨 티 같은 홍차가 그렇다. 특히 우리나라에서는 남성 노인과 홍차가 크게 연관된다는 생각은 들지 않는다. 하지만 홍차 수업이 시작하는 날 받은 티박스에서 에디아르의 올드맨 티를 처음 접했고, 견과류의 울림 있는 향과 함께 다가온 시트러스[이 차는 현재 에디아르 홈페이지에서는 찾을 수 없다.]와 자두의 향이 적당히 상쾌했다. 프랑스에서는 노인을 이렇게 중후하고 세련되게 표현할 수 있구나 싶을 정도로. 그런데 이 올드맨 티와 같은 이름의 홍차를 다만 프레르에도 판매한다는 사실을 우연히 알게 되었다.

광화문에 다만 프레르 티샵이 오픈했을 때, 대표적인 종류만 판매할 것이라고 생각했는데 다행히 수많은 종류의 다만 프레르 제품들 중에서 모두 선택이 가능했다. 평소에 쉽게 구할 수 없을 것 같은 올드맨 티를 주문해 약속 시간 사이의 한가로움을 즐겨본다. 다만 프레르의 올드맨 티는 에디아르의 그것과 느낌이 약간 다르다. 시트러스한 향은 거의 없는 대신 나무 껍질 같은 우디 향 뒤에 건포도와 아몬드

광화문 다만 프레르
티샵의 올드맨 티

의 깊은 풍미를 만난다. 조금 더 생의 끝자락에 가깝지만 품위 있는 향이다. 입으로 넘기면 차분하게 앉아서 아몬드를 천천히 씹을 때 나는 약간의 매끄러운 맛도 느껴진다.

홍차의 이미지가 사람으로 태어난다면 어떨까 하는 생각에 이른다. 만화 〈홍차왕자〉에서는 홍차에 개성을 부여하여 사람 캐릭터로 만들었다. 귀족처럼 우아함이 넘치는 얼그레이, 힘 있고 강건한 아쌈, 부드러운 듯하지만 당찬 오렌지 페코 등… 클래식한 홍차들을 한결 친근하게 만드는 데 도움을 주었다. 하지만 아직 가향차가 캐릭터화된 컨텐츠는 본 적이 없다. 그래서 약간의 상상을 더해본다. 다만 프레르의 올드맨은 나이도 더 들었고 내향적이며, 건강한 식생활과 아침 신문 읽기를 즐겨 하는 할아버지일 것이다. 반면 에디아르의 올드맨은 매일 저녁 향수를 뿌리고 사교를 즐기는 노인을 연상하게 된다.

그 브랜드만의 특별한 이름이 붙은 홍차도 좋지만 같은 이름이 붙은 각 브랜드의 홍차들을 비교하는 것도 즐겁다. 모든 브랜드에 다 있는 브렉퍼스트 티나 너무 흔한 것보다는 상상력을 자극하는 이름의 홍차가 좋다. 푸른 정원이라는 뜻의 '쟈뎅 블루', 네 개의 붉은 과일이라는

에디아르(Hédiard)
빨간색의 포장이 강렬한 홍차 브랜드이자 고급 식료품점이다. 파리 마들렌 광장에 본점이 위치한다. 얼그레이가 취향이라면 베르가모트 향이 가볍게 나는 멜란지 에디아르(Mélange Hédiard)를, 견과류와 녹인 설탕의 달콤한 향을 좋아한다면 카라멜 가향차도 선택에 고려할 만하다.

의미를 가진 '콰트르 후르츠 루지'처럼 말이다. 올드맨 티와 이 두 홍
차들은 유독 프랑스 브랜드들 중에서 종종 발견할 수 있다.

IV
쿠스미

Kusmi

사진 촬영 협조 : 쿠스미 타워팰리스점

러시아에서 시작한
프랑스 티 브랜드

쿠스미는 최초 창립자 파벨 쿠스미초프의 이름을 딴 브랜드다. 러시아 혁명 이후 개인이 기업
소유를 하지 못하게 되자 쿠스미초프 일가는 프랑스로 이주하였다. 파리에서 대를 이어 운영
하던 차 사업은 1972년 파산에 이르게 되었으나, 새 주인을 만난 2000년대 초반부터 다시 성
장하기 시작했다.

쿠스미초프가 블렌딩한 차들은 오랜 부침 속에서도 여전히 살아남아 쿠스미 티로 이어졌으
며, 매각 이후의 쿠스미는 디톡스 티 등을 런칭하여 건강차의 이미지를 주기도 하였다. 2010
년에 설립한 세컨드 브랜드인 '러브 오가닉'도 허브티를 위주로 한다.('러브'는 덴마크어로 '잎'
을 나타내며 'Love'와는 무관하다.) 또한 현대적이고 모던한 이미지로 프랑스 차 시장에 자리
잡고자 했다. 2012년에 파리 샹젤리제 거리에 플래그십 스토어를 오픈하였고 트렌디한 차로
각인되기 시작했다. 우리나라에서도 강남에 매장을 내는 등 세계적으로도 지속적으로 성장
하고 있다.

쿠스미의 허브/건강차 라인은 다음 기회에 소개하고, 이 장에서는 역사적인 의미를 담아 만든
3가지 얼그레이와 러시아의 아침을 그려낸 브렉퍼스트 티를 마셔본다.

1

아나스타샤 Anastasia
제정 러시아의 마지막 공주

쿠스미를 대표하는 홍차 중 하나인 아나스타샤는 오렌지 꽃과 레몬 향이 산뜻한 얼그레이다. 이러한 블렌딩은 홍차를 마시다 보면 너무 익숙해져서 별로 호기심 없이 넘어가기도 한다. 그래도 로즈마리처럼 상쾌하게 남는 여운은 이 차를 더욱 특별하게 하며, 아나스타샤의 비하인드 스토리에는 쫑긋 귀를 기울이게 된다. 비하인드 스토리란 바로 러시아 로마노프 왕조의 마지막 공주 아나스타샤의 삶이다.

아나스타샤는 러시아 혁명으로 희생당한 왕족 중 하나다. 어린 나이에 사고를 당한 데다 특별한 업적을 남기지 않았던 아나스타샤가 많은 콘텐츠의 모티브가 된 것은 그녀의 생사와 관련된 전설 때문이다. 무수히 많은 총알 속에서도 옷 속에 숨겨둔 다이아몬드 덕분에 바로 죽지는 않았다고 하는 등, 몇 십 년 동안 아나스타샤의 행방은 미스터리로 남아있었다.

로마노프 왕가의 유산에 욕심이 난 사람들은 자신이 아나스타샤 공주라고 주장하기도 했다. 그들 중 가장 유명한 안나 앤더슨을 주제로 문화 콘텐츠들이 만들어졌다. 영화나 뮤지컬에서는 아나스타샤가 살아서 돌아오는 것으로 훈훈하게 전개되었지만, 실제로는 아나스타샤의 유골을 찾으면서 DNA 검사 끝에 미스터리가 해결되었다. 안나 앤더슨은 아나스타샤와 많은 부분이 비슷했고 여러 사람들을 속였지만 진짜 공주는 아니었다.

다시 차로 되돌아와 보면, 쿠스미의 아나스타샤는 홍차를 뜨겁게 우릴 때와 차갑게 우릴 때 어떻게 맛이 달라질 수 있는지를 알려준 차다. 우리는 방법에 따라 차맛을 비교하는 수업을 들으면서 아나스타샤를 처음 만났다. 뜨거운 차는 너무 평범했고 레몬이나 오렌지 껍질에서 날 법한 좋지 않은 냄새도 간혹 느꼈다. 하지만 냉침으로 우리면 적당히 떫으면서도 새콤달콤한 과일 향과 함

아나스타샤 냉침 티

의외로 차를 많이 마시는 국가, 러시아

러시아 역시 차를 많이 소비하는 국가 중 하나다. 로마노프 왕조의 미하일 황제 (아나스타샤의 조상인 셈이다.) 가 처음으로 중국산 차를 수입하면서 러시아에서도 차를 마시기 시작했다. 러시아의 차 문화를 상징적으로 나타내는 도구는 물을 끓이기 위해 사용하는 사모바르다. 이제는 사모바르 대신 티백과 전기포트로 차를 마시지만, 러시아인의 일상에서 차는 항상 마시는 음료로 자리 잡았다. 그러다 보니 합리적인 가격과 적당한 맛의 티백을 러시아에서도 쉽게 구할 수 있다. 특히 러시아 대표 티 브랜드 중 하나인 그린필드를 추천한다. 우리나라에서도 인터넷 쇼핑몰 등을 통해 구매 가능하다.

께 매력 포인트라고 느꼈던 시원한 로즈마리 향도 훨씬 잘 올라왔다.

쿠스미에서는 아나스타샤 탄생 100주년을 기념하여 화이트 아나스타샤를 출시했다. 오리지널 버전의 홍차를 베이스로 한 아나스타샤와는 달리 백차와 약간의 녹차를 섞었다. 순백의 기품 있는 공주를 연상시키는 화이트 아나스타샤도 언젠가 만날 수 있기를 기대해 본다.

🍵 티 레시피

- 아나스타샤를 티백으로 샀다면 티백 한 개에 2.2~2.3g의 찻잎이 들어있다.
- **핫티** : 끓는 물 300㎖를 부은 후 티백 1개를 넣고 3~4분 후에 꺼낸다.
- **냉침** : 티백 1개 당 물 250㎖ 정도를 붓고 8~12시간을 넣어두었다가 꺼낸다.
- **급랭** : 티백 1개를 물 150㎖에 3분 우렸다가 얼음을 가득 채운 컵에 바로 붓는다. 냉침보다는 향기가 조금 날아간다.

2

프린스 블라디미르 Prince Vladimir
이름만큼 거칠지는 않은

아나스타샤가 러시아의 흔한 여성 이름이라면 블라디미르는 흔한 남성 이름이다. 러시아의 남성이라고 하면 보통 굵고 강한 이미지를 연상한다. 게다가 블라디미르 왕자라고 하면 더욱 힘이 넘칠 것이다. 사실 프린스 블라디미르 티의 '프린스'는 왕자보다는 군주, 대공이라고 봐야 한다. 그래서 프린스 블라디미르 티를 마셨을 때 큼직큼직한 과일 조각과 바닐라, 초콜릿, 시나몬 같은 향은 반전 매력으로 다가왔다.

프린스 블라디미르

이 차는 바닐라와 향신료 향기를 덧붙인 얼그레이로 키예프 공국의 블라디미르 1세를 기리며 만들었다고 한다. 블라디미르 1세를 검색하면 키예프 공국의 대공으로 나온다. 키예프 공국은 블라디미르 1세가 아닌 올레크가 설립했다. 러시아의 역사를 거의 몰라서인지 쿠스미 티에서 갑자기 우크라이나의 수도 키예프가 왜 나오는지, 왜 쿠스미 티 홈페이지에서는 키예프 공국이 아닌 'Holy Russia'라고 표기했는지 궁금증이 꼬리를 물었다.

키예프에서 세워진 키예프 공국은 러시아와 우크라이나의 역사에서 최초의 국가였다. 키예프 공국은 블라디미르 1세에 이르러 중앙 집권 체제를 강화했다. 또 민심을 하나로 모으도록 국교를 정립했는데, 바로 아직까지도 러시아에서 가장 많은 사람들이 믿는 종교인 정교회다. 블라디미르 1세는 키예프 공국 자체를 세우지는 않았지만 정교회라는 국교를 만듦으로써 종교적 의미의 'Holy Russia'를 탄생시켰다.

이렇게 블라디미르 1세에 대한 궁금증은 풀렸지만, 프린스 블라디미르 티는 한 국가의 강력한 지도자를 표현했다기에는 아무래도 너무 향기롭고 부드러운 향이다. 쿠스미초프가 이미 세상을 떠났으니 블렌딩 의도를 완벽하게 알 길은 없다. 비워진 이야기들을 조금 더 찾으면서 상상해본다.

프린스 블라디미르 티는 정교가 국교가 된 해로부터 900년이 흐른 뒤 만들어졌다. 키예프 공국은 정교를 받아들이면서 비잔티움 제국의 문화를 흡수하여 발전시켰다. 각각의 개성 있는 향들이 부드럽게 피어나 한 잔의 차로 녹아드는 것처럼. 이 차의 이름이 평범했다면 후각적으로만 느끼고 끝냈을 테지만, 블라디미르 1세를 같이 만난 덕분에 러시아의 역사도 산책해본다.

☕ 티 레시피

- 티 맛이 강하지 않아 담백한 디저트와 어울리며 오후에 마시기 좋다. 쿠스미 홈페이지에서는 이 차를 낮은 온도(85~90도)에서 우릴 것을 권장하나 끓는 물에 우려도 차맛이 크게 차이 나지는 않는다.

3

상트페테르부르크 St. Peterbourg
북유럽의 신비로움

티 브랜드 쿠스미는 이 차의 이름과 같은 상트페테르부르크에서 1867년에 첫 문을 열었다. 상트페테르부르크는 여행 목적지로 바로 떠오르는 장소는 아니다. 이름에서도 연상되는 이미지가 뚜렷하지 않았다. 차의 향기를 맡아 보면 처음에는 베르가못 향이 뿜어져 나오고 딸기와 라즈베리 같은 새콤달콤한 향, 캐러멜의 달달한 향이 뒤를 잇는다. 서로 어울리지 못할 것 같은 향들이 조화를 이룬다.

상트페테르부르크라는 도시는 차의 향처럼 우아하고 달콤할까? 차를 마시면서 도시의 정보를 검색하고 상상 여행을 떠나본다. 러시아의 주요 도시 중 가장 북유럽과 가까운 이 도시는 신비로움을 간직한다. 1703년에 건설된 계획도시 상트페테르부르크는 제정 러시아의 옛 수도다. 수도로서의 상트페테르부르크는 음악, 문학 미술, 건축 등 예술을 꽃피웠고 역사 지구는 유네스코 세계문화유산으로 지정되기까지 했다. 여름에는 해가 거의 지지 않는 백야의 도시기도 하다. 상트페테르부르크에서 차갑고 음울한 러시아의 이미지는 날려버리고 새로운 낭만을 가져본다.

가난한 소작농 집안의 파벨 쿠스미초프는 바로 이 도시에서 자신의 잠재력을 발견했다. 차 상인의 심부름꾼으로 일하다가 상인의 눈에

상트페테르부르크 티타임

들게 된 것이다. 상인은 블렌딩 노하우를 전수했을 뿐만 아니라 쿠스미초프가 결혼을 하자 티하우스를 차려 주기도 했다. 쿠스미초프의 티하우스는 여러분도 알다시피 대성공을 거두었다. 쿠스미초프의 티는 러시아 황제가 즐겨 마시고 유럽 여러 나라의 입맛을 사로잡았다.

쿠스미에서는 상트페테르부르크의 300주년을 기념하여 이 차를 만들었다고 한다. 상트페테르부르크가 1703년에 건설되었으니 2003년에 블렌딩된 것이다. 그러나 쿠스미초프가 아닌 현대의 경영자들이 블렌딩했는데도 이 홍차는 현대적인 도시보다는 쿠스미초프의 티하우스가 첫 오픈했을 당시의 분위기와 더 어울린다. 만약 현대의 상트페테르부르크를 차로 만든다면 어떤 향기를 입혀야 할까, 문득 궁금해진다.

이렇게 쿠스미의 대표적인 얼그레이 중 세 가지를 마셔보게 되었다. 쿠스미에서는 얼그레이 티백만을 따로 묶어서 팔기도 한다. 쿠스미초프가 딸의 탄생을 기념하여 처음으로 개발한 '부케 오브 플라워', 세 가지의 시트러스 가향과 세 국가의 찻잎을 블렌딩한 '트로이카', 상큼함을 강조한 '얼그레이 폴리쉬 블렌드'까지 총 여섯 종류의 얼그레이를 모았다. 이번에 구입한 쿠스미의 에센셜 티백 제품에는 들어있지 않아 마시지 못하였다. 얼그레이를 사랑한다면 여섯 가지 얼그레이의 맛과 향을 한꺼번에 비교하는 것도 좋은 경험이 되겠다.

☕ 티 레시피

- 핫티에서는 딸기 향이 더 많이 나고, 냉침에서는 얼그레이 향이 더 강하다. 개인 취향에 따라 선택하면 된다. (레시피는 아나스타샤와 동일)

4

러시안 모닝 Russian Morning
러시아의 아침을 상상한다면

여태까지 러시아는 막연하게 낯선 나라로 다가왔다. 쿠스미 티를 마시면서 이름의 유래를 찾다 보니 이제 조금씩 러시아에 친숙해지고 흥미가 생긴 것 같다. 그러던 중 홍차장에서 핫핑크색 포장의 러시안 모닝 티가 눈을 사로잡았다. 러시아의 아침에 고운 핫핑크색이라니, 과연 어떤 홍차의 향으로 가득할까? 아무 생각 없이 홍차를 마시게 되는 평일 아침에는 이 차를 뜯고 싶지 않았다. 조금 더 의미를 가지고 티타임을 꾸밀 만한 여유가 될 때까지 기다렸다.

오랜만에 미세먼지가 물러난 주말 아침, 러시아식 카페로 산뜻하게 발걸음을 옮겼다. 한국에서 러시아식 정찬을 즐기기는 어렵지만 가벼운 아침 식사라도 먹어 보기 위해서다. 팬케이크의 일종인 '블린'을 샀다. 블린은 러시아인의 음식 문화에서 아주 중요한 위치를 차지해 왔다. 러시아식 카페에서 파는 블린은 여러 종류의 토핑을 선택할 수 있다.

블린과 함께한 러시안 모닝

집에서 러시안 모닝 티와 마시려고 누텔라 잼과 바나나가 올라간 블린을 포장해 가져왔다. 얇고 부드러워 식감이 크레이프와 비슷하다. 포장하느라 접혔던 블린을 조심스럽게 펼치면서 차 우릴 물을 끓인다.

진하고 맑은 갈색 수색과는 달리 너무 가볍게 넘어가서 살짝 놀라는 찰나, 실론티의 풀 향이 어렴풋이 난다. 또 중국 홍차 특유의 훈연 향 덕분에 아쌈과 실론만으로 구성된 잉글리쉬 브렉퍼스트보다

는 동양적 색채를 띠게 된다. 유라시아의 개성을 보여 주는 아침 차라고 볼 수 있다. 쿠스미의 홍차들이 전반적으로 강한 맛이 나지 않기는 하지만 브렉퍼스트 티라면 조금 더 진했으면 좋겠다. 특히 추운 날

쿠스미의 러시안 카라반과 카슈미르의 차이

러시아의 이름을 붙인 차 중 '러시안 카라반'은 레몬 향보다는 나무껍질을 태운 듯한 훈연 향이 가득하다. 러시안 카라반은 포트넘 앤 메이슨의 제품으로 잘 알려졌지만, 낙타를 타고 러시아까지 육로로 오가며 차를 공급했던 상인들의 이야기는 여러 티 브랜드들에게 영감을 주었다. 쿠스미에서도 '카라반'이라는 이름의 홍차를 판매하고, 또 다른 대표 제품인 '카슈미르 차이'도 차 상인들을 모티브로 만들었다. 스파이시한 향신료와 함께 상큼한 레몬향이 나는 차이 티다.

씨를 따뜻한 차로 달래는 러시아에서라면 말이다.

이 차에서는 시트러스 향이 나지 않았으나, 러시안 티를 모티브로 한 차들 중 시트러스 계열 향이 첨가된 경우가 많다. 마리아주 프레르의 '러시안 브렉퍼스트 티', 립톤의 '러시안 얼그레이', 다만 프레르를 비롯한 몇몇 프랑스 티 브랜드의 '고트 루쓰^{프랑스어로 '러시아의 향기'라는 뜻}' 등이다. 잼을 넣거나 술을 타서 마시는 것도 러시아 차 문화의 일부지만 역시 레몬도 빠질 수 없다. 빅토리아 여왕이 러시아에서 레몬이 들은 홍차를 대접받은 일 때문에 영국에서는 레몬차를 러시안 티로 부르기도 했다.

아직 레몬을 차에 넣어 먹어본 적은 없다. 러시안 모닝 티에 레몬을 추가한다면 어떨지, 여전히 블린과 궁합이 잘 맞는 차가 될까? 아무래도 블린을 또 사러 나가야겠다.

V

로네펠트

Ronnefeldt

독일을 대표하는
세계 3대 티 브랜드

1823년 프랑크푸르트의 차 수입점으로 시작한 로네펠트는 약 200년의 시간 동안 70여 개의 국가에서 사랑받아 왔다. 창립자인 요한 토비아스 로네펠트의 성을 딴 차 사업은 대를 이어 내려왔지만 현재 오너의 성은 로네펠트가 아니다. 브랜드 마케팅을 크게 개선한 프랭크 홀자펠이 회사를 인수했고 지금은 그 아들이 사업을 이어가기 때문이다.

우리나라에서는 마리아주 프레르, 포트넘 앤 메이슨과 함께 세계 3대 티 브랜드로 알려지기도 했다. 세계 3대 티 브랜드를 특정 기관이 공식적으로 발표한 것은 아니지만, 모두 그 정도로 유명하고 역사가 깊은 티 브랜드인 점을 참고하면 될 듯하다. 티하우스는 코엑스와 판교, 서대문, 동탄에 위치해있는데, 세련되면서 아늑한 분위기로 도심 속 휴식을 제공한다. (2019년 2월 기준)

로네펠트는 독일 브랜드답게 마리아주 프레르와 포트넘 앤 메이슨보다는 실용성에 초점을 맞추었다. 대표적인 예가 심플리시티(SimpliciTea) 라는 이름의 티캡슐이다. 네스프레소 캡슐 커피머신으로 간편하게 차를 뽑아 마시는 제품이다. 심지어 티백 종류도 차의 종류에 따라 두 가지로 나뉜다. 티벨롭 티백은 대중적인 라인이지만 호텔 객실로도 들어간다. 잎차 또한 대부분 합리적인 가격대로(공식 홈페이지 기준) 갖추었으며 일부 파이니스트 티 라인이 높은 가격대를 형성한다.

1

마지팬 Marzipan
크리스마스를 기다리는 이유

언제부터인가 크리스마스에 슈톨렌을 파는 빵집이 늘었다. 슈톨렌은 독일의 전통 빵으로 겉으로만 보면 딱딱한 흰색 덩어리다. 슈톨렌의 진가는 잘랐을 때 단면에서 나오는데, 절인 과일과 견과류 등이 오밀조밀하게 박혔다. 가게마다 레시피가 다르지만 대부분의 슈톨렌에는 노란 반죽 같은 것도 박혀 있으며 마지팬이라고 한다. 마지팬은 아몬드 가루와 설탕을 섞어 만든 반죽으로 역시 사람마다 만드는 방법이 조금씩 다르다. 지난해 크리스마스를 앞두고는 마지팬의 달달한 맛

마지팬이 들어간 슈톨렌

이 그리워 마지팬이 크고 둥그렇게 들어간 슈톨렌을 먹었다.

슈톨렌을 먹은 지 얼마 지나지 않아 마지팬의 이름이 붙은 홍차가 집으로 배송되었다. 슈톨렌과 같이 먹었으면 좋았겠지만 이 홍차의 존재를 너무 늦게 알았던 탓이다. 지금 내 기분과 상황과 취향에 맞는 차를 만나는 타이밍도 어찌 보면 인연과 같다. 모든 브랜드의 홍차 데이터베이스가 머릿속에 있지 않은 한 말이다.

포장을 열자 큼직하고 검디검은 찻잎과 함께 노릇노릇한 아몬드의 속살이 군데군데 보인다. 마른 찻잎과 젖은 찻잎, 찻물에서 일관되게 피스타치오 향이 났다. 피스타치오가 들어간 마지팬도 널리 사랑받으니 크게 이상하진 않다. 아찔하게 달콤한 마지팬의 이미지와는 반대로 차맛이 달지는 않다. 오히려 꽤 쓴 편이다.

이 홍차도 달콤한 슈톨렌과 잘 어울리겠다. 지난 슈톨렌은 크리스

로네펠트 홈페이지에 등장하는 Water hardness란?

로네펠트 공식 홈페이지에서 제품 설명을 읽다 보면 Water hardness(물의 경도)라는 표현이 나온다. 물의 경도는 독일, 프랑스, 영국의 기준이 각각 다르며 로네펠트는 독일 회사이므로 독일 기준을 따른다. 물의 경도에 따라 동일한 차여도 다른 맛으로 우러날 수 있으며, 차마다 맛있게 우러나는 물의 경도도 조금씩 다르다. 우리나라의 물은 어느 나라의 기준으로 보아도 경도가 낮은 연수이다. 이런 물에서는 차의 성분이 더 빠르게 우러난다. 로네펠트 제품 중 물의 경도가 'Hard'로 표시되었다면 권장 시간보다 1~2분 줄여서 우리는 것을 추천한다.

마스 시즌 홍차와 함께했는데, 시나몬과 스파이스 향으로 승부하던 크리스마스 홍차와는 다른 마리아주를 보여줄 것 같다. 일단 밀봉하여 잘 보관한다. 또 올해 크리스마스를 기다려야 할 이유가 생겼다.

🍵 티 레시피

• 평소 우리는 대로 3분을 우리면 달콤한 디저트에 어울리는 쓴맛의 홍차가 되며, 아무 것도 없이 마실 때는 2분 정도만 우려도 피스타치오 향과 홍차 맛을 느낄 수 있다.

• 스트레이트 티의 맛은 쓴 편이지만 밀크티로 만들면 유독 다른 홍차보다 바디감이 훨씬 옅어진다. 진한 홍차 맛이 나는 로얄 밀크티를 선호한다면 바로 뒷장에 나올 '아이리쉬 위스키 크림'을 추천한다.

2
아이리쉬 위스키 크림 Irish Wisky Cream
따뜻한 로얄 밀크티가 필요할 때

아일랜드는 영국과 가깝지만 왠지 낯설게 다가온다. 알고 보면 영국보다도 더 일상에서 차를 많이 마시는, 차와 친숙한 나라다. 낙농업이 주요 산업이라 유제품이 맛있다 보니, 홍차에 우유를 넣어서 많이 마신다. 우유를 넣는 것 자체는 영국과 비슷하지만 아일랜드에서는 잉글리쉬 브렉퍼스트보다도 더 강한 맛의 홍차를 선호한다. 이러한 홍차는 아이리쉬 브렉퍼스트라고 불리며 이름은 브렉퍼스트 티지만 실제로는 하루 종일 마신다.

술이나 커피 문화에서도 우유로 만든 크림을 즐겨 사용한다. 커피에 위스키를 섞고 크림을 얹어 마무리하면 아이리쉬 커피다. 베일리스로 대표되는 아이리쉬 크림은 위스키에 크림과 연유, 초콜릿, 바닐라, 아몬 드 등을 섞어서 만든 술이다. 원액으로 마시면 혀가 오그라들 것 같지 만 우유를 섞으면 홀짝홀짝 마시기 부담 없는 초코맛 칵테일이 된다.

로네펠트의 대표 홍차인 아이리쉬 위스키 크림은 이름에서부터 아일 랜드의 위스키, 크림, 홍차를 한번에 담고 있다. 글로벌 사이트에서는 아이리쉬 위스키 크림으로, 독일어 홈페이지에서는 아이리쉬 몰트라는 이름으로 판매한다. 위스키와 아쌈 홍차에서 나는 몰트 향 때문에 붙 은 이름으로 보인다.

이 차를 스트레이트로 마시면 아이리쉬 크림의 달콤함보다는 위스키 의 특성이 더 잘 드러난다. 목으로 넘기면 나무처럼 깊고 숙성된 향과

스트레이트 밀크티

함께 살짝 타들어 가는 것처럼 쓰고 떫다. 단순히 강한 맛이 나기만 한다면 위스키 같다고 하지 않을 것이다. 가향된 향의 풍미 덕분에 왜 홍차에 술 이름이 붙었는지 실감하는 순간이었다.

로얄 밀크티로 끓이는 순간 그 강렬함은 적당한 바디감으로 순화된다. 이 차로 끓이는 따뜻한 로얄 밀크티는 진할수록 더욱 맛있다. 아이스 밀크티로 마시면 아이리쉬 크림 칵테일 느낌도 낼 수 있지만, 차가운 밀크티를 진하게 만들면 조금 느끼하다. 따뜻한 로얄 밀크티로 끓여야 밀크티 하면 생각나는 포근한 기분이 날 것만 같다. 마치 춥고 비 오는 날에 우유를 넣은 홍차 몇 잔으로 몸과 마음을 녹이는 아일랜드 사람들처럼 말이다. 특히 아늑한 방에서 초코칩 쿠키를 곁들인다면 더할 나위 없을 것이다.

☕ 티 레시피

• 로얄 밀크티 만들기

로얄 밀크티는 영국에서 유래했을 것 같지만 실제로는 일본에서 개발했다. 홍차에 우유를 조금씩 부어 밍밍한 영국식 밀크티와는 달리, 로얄 밀크티는 달고 진한 것이 특징이다. 여러 버전의 레시피가 있지만, 마시다 보니 주로 아래 방법으로 만들게 된다.

1. 우유 200㎖는 상온에 미리 꺼내둔다. 냉장고에 둔 우유를 바로 꺼내서 써도 되기는 하지만 우유가 데워지면서 온도 변화가 급격해져 좋지 않은 향이 날 수 있다.
2. 물 150㎖를 전기포트에 끓여서 냄비 또는 밀크팬에 붓고, 찻잎 6g과 함께 우린다. 인덕션으로 찬물을 직접 끓이면 시간이 너무 오래 걸리니 전기포트에 물을 미리 끓여두면 좋다.
3. 냄비의 찻물이 기포를 내면서 끓을 때쯤 설탕 1큰술을 넣고 우유를 부은 후 약불로 낮춘다.
4. 우유가 데워져 얇은 막이 생기기 직전에 불을 끄고 찻잎을 걸러서 마신다.

3

슐루머트렁크
허브 왕국 독일에서 잠을 이루는 방법

당장 떠나지 않을 여행지라도 가끔 여행 계획을 짜볼 때가 있다. 도시 정보를 검색하면서 동선도 짜고 현지에서 구입하면 좋은 제품들도 알아둔다. 독일 쇼핑 리스트 중 의외의 제품은 바로 허브티였다. 독일의 드러그 스토어에서는 몸 상태에 맞는 허브티를 종류별로 구비한다고 한다. 독일은 의외로 유럽 내에서 안정적인 차 소비 시장으로 손꼽힌다. 제일 많이 마시는 차는 홍차지만, 카페인이 없고 건강에 유익한 과일차나 허브티의 인기도 만만치 않다.²⁰⁰⁷~²⁰¹⁶ 년 독일 내 허브차 판매

슐루머트렁크 티타임

량은 1년 평균 37,669톤으로 유럽 내에서 압도적 1위다. 독일의 허브티는 찻잎이 귀했을 시절 대체품으로 즐겨 마시던 것에서 시작해 국민적으로 그 약효를 인정받는다.

차 봉지를 여는 순간 얼핏 보기에도 많은 종류의 꽃과 풀들이 숲처럼 빽빽하다. 캐모마일, 페퍼민트, 레몬밤, 딸기잎, 펜넬, 오렌지꽃, 쐐기풀, 라벤더, 장미꽃잎까지 모두 9가지 재료가 들어갔다. '하루를 마무리하는 차'라는 설명에 알맞게, 숙면에 좋은 허브들이 대부분이다. 특히 큼직하고 노란색 꽃으로 압도적인 존재감을 보여주는 허브는 바로 캐모마일이다.

작은 국화 같은 모습에 사과 향기가 달콤한 캐모마일은 숙면 차에 거의 매번 들어가는 허브다. 차로 마시면 자칫 꿀과 바닐라의 느끼한 향이 부각될 수 있어 호불호가 나뉜다. 보랏빛 꽃으로 알려진 라벤더도 신경을 안정시키고 불면증에 효과가 좋은 허브다.

캐모마일, 페퍼민트, 레몬밤, 라벤더는 한 종류씩만 마셔도 충분히 향기로운 허브다. 그 모든 허브들이 다 들어간 이 차에서도 부케처럼 풍성한 향이 날까? 아쉽게도 페퍼민트와 라벤더 향 말고는 존재감이 미미하다. 따뜻하고 편안한 맛에 마시다 보면 차가 아니라 정말 약을 먹는 것 같다는 착각마저 든다. 입에 쓰다는 게 아니라, 기호식품보다는 건강식품처럼 마시는 나 자신을 발견한다는 뜻이다. 드러그스토어에서 허브차를 사는 독일 사람들처럼.

슐루머트렁크는 독일어로 '자기 전에 마시는 술'이다. 이 허브티의 성분은 술과 아무 상관이 없지만, 잠을 잘 오게 한다는 효능을 홍보하기엔 이만한 단어도 없는 듯하다. 게다가 술과는 비교도 안될 정도로 건강에 좋지 않은가? 따뜻한 음료에 손이 가는 황량한 겨울밤, 푸릇푸릇한 여름을 기다리며 싱그러운 허브티를 마신다. 슐루머트렁크와 함께 겨울잠이라도 자고 싶다.

🍵 티 레시피

- 캐모마일 꽃들이 통째로 들어가서인지 여태까지 마셨던 차들 중 부피가 제일 크다. 평소 홍차 마시던 방식대로 우려냈더니 스트레이너에 찻잎이 넘쳐서 힘들었던 데다가 질감도 걸쭉했다. 600ml 기준으로 4~5g만 넣으면 적당히 산뜻하다. 로네펠트에서는 무려 5~8분이나 우리라고 하지만 우선 3분 정도로 시작해보자.

로네펠트 티하우스 코엑스점 내부

VI
TWG

TWG

럭셔리 티 브랜드의
신흥 강자

영국의 트와이닝(Twining)과 비슷한 철자 때문에 연관이 있을 것 같지만, TWG는 더 웰빙 그룹(The Wellbeing Group)의 줄임말로 싱가포르의 기업이다. 더 웰빙 그룹은 2008년에 설립하면서 싱가포르가 차 무역을 시작한 1837년을 상징 연도로 삼았다. 차 사업의 역사가 짧은 TWG이지만 약 20개 국가에 진출하여 브랜드의 위치를 공고히 하고 있다.

TWG는 기본형태의 노란색 틴 외에, 다양한 형태와 디자인으로 고객의 수집 욕구를 자극한다. 매장 인테리어 또한 시각적으로 화려하고 고급스럽다. 게다가 가향차 위주로 유명하다 보니 차의 품질보다는 마케팅으로 부풀려졌다는 비판이 간혹 보인다. TWG가 취급하는 찻잎이 모두 최고라고 단언할 수는 없으나, 차를 마실 때 후각이나 시각적으로 주는 즐거움도 무시하지 못한다. 그리고 모든 차를 마시는 사람들이 미세한 차의 품질까지 판단하면서 마실 필요는 없다는 것이 개인적인 생각이다.

싱가포르뿐만 아니라 홍콩, 대만 등 더 가까운 여행지에서도 쉽게 만날 수 있다. 우리나라에서는 롯데백화점 에비뉴엘 월드타워점, 인천 파라다이스시티, 안다즈 서울 강남(압구정)에 입점했다. (2019년 11월 기준) 투썸플레이스에서도 적은 종류이지만 TWG 티백을 우려서 판매한다.

1

그랜드 웨딩 티 Grand Wedding Tea
상큼하고 발랄한 에너지 비타민

대학생 때 처음 갔던 홍콩에서의 추억을 잊지 못한다. 야경도 맛있
는 음식도 다 신기하고 새로웠지만 온갖 홍차들을 저렴하게 판다는
것에 제일 신이 났다. 주머니 사정 때문에 홍콩에서의 첫 차 쇼핑은
슈퍼에서의 티백과 마리아쥬 프레르 한두 가지 정도였다. 다음에 홍
콩에 또 간다면 하버시티의 반짝거리는 홍차 브랜드에서 쇼핑을 하겠
다는 다짐을 안고 돌아갔다.

취업을 하고 처음 맞은 크리스마스 연휴에 두 번째로 홍콩에 갔다. 크리스마스 장식으로 화려한 쇼핑몰들을 지나 처음으로 TWG 티샵에 들어섰다. TWG의 차 종류가 너무 많았기 때문에 인터넷에서 미리 찾아본 베스트셀러는 그랜드 웨딩 티였다. 베스트셀러를 맹신하지 않는 이유 없는 반항심 속에서도 그랜드 웨딩 티의 열대 과일 향은 정말 향기롭게 느껴졌다.

그랜드 웨딩 티는 TWG에서 일생의 특별한 순간을 축하하는 자리를 형상화한 홍차다. 사람들마다 이 차에 가진 인상은 조금씩 다르겠지만 노란색을 연상시킨다는 점에는 대부분 동의할 것이다. 기쁜 날이 이름으로 붙은 초콜릿, 딸기, 꽃향 홍차는 이미 자주 만났다. 그래서인지 이렇게 노란색의 향을 지닌 홍차를 만나면 괜히 반가워진다. 과일 에이드를 마시면 상큼함은

옥수수빵, 크림빵과 함깨한 그랜드 웨딩 티

잠시고 너무 달아서 거북하지만 그랜드 웨딩 티 같은 차는 향기만으로 상쾌하게 기분전환을 하기 좋다.

차 선생님으로부터 나눔 받았던 포숑의 생일차도 노란색을 연상시킨다. 열대 과일 가향이라는 점도 비슷하다. 그러나 포숑의 생일차가 잎에서 스모키한 맛과 향이 나서 안개비로 살짝 자욱한 밀림이라면, 그랜드 웨딩 티 한 잔은 파란 하늘 아래에 펼쳐진 파인애플과 망고

TWG의 티백

TWG의 티백 제품들은 리필백에 포장된 잎차보다 더 가격이 높다. 티백 중에서도 품질이 높은 모슬린 재질이며 찻잎을 자잘하게 분쇄하지 않아서 티백 하나하나가 크다. (항상 그렇다고 단정지을 수는 없으나 찻잎을 가루처럼 분쇄한 티백은 일반적으로 저렴한 가격에 판매된다.) 리필백에 담긴 잎차는 저렴하지만 향기가 쉽게 날아가므로 따로 진공포장을 해야 한다. TWG의 틴은 찻잎보다 더 비싸서 배보다 배꼽이 큰 격이다. 또 TWG 틴 디자인에 크게 관심이 없고, 잎차만 사서 따로 진공 포장하기도 귀찮다면 티백을 사는 게 합리적인 선택이다. 하나씩 개별 포장되어 있어서 보관하기에도 편리하다.

과수원 같다.

아무리 맛있는 차를 만나도 웬만해서는 다시 사지 않았다. 더 많은 종류의 차를 마셔보고 싶다는 욕심과 다른 브랜드에도 왠지 비슷한 제품이 있을 것 같은 기대 때문이다. 하지만 점점 비슷한 차들 사이에서 미묘한 차이를 느끼는 바람에 각 브랜드마다 대체하고 싶지 않은 차들이 생겨났다. TWG에서는 그랜드 웨딩 티가 재구매하고 싶은 차 1순위다. TWG의 수많은 홍차 중 10분의 1도 마시지 못했지만 그랜드 웨딩 티 하나만 마셔도 충분하다고 생각한다.

티 레시피

- 핫티로 우리면 적당한 쓴 맛이 올라오는데 기름기 있는 빵과 마셔도 의외로 잘 어울린다. 매우 단 음식만 아니면 무난하게 마실 수 있고 밀크티로는 추천하지 않는다.

2
해피 버스데이 티 Happy Birthday Tea
생일 케이크와 같은 설렘

"홀 케이크와 대치할 때의 두근거림과 설렘은 내가 말도 안 되는 사치를 누리고 있다는 느낌이 들게 한다." 니시 가나코의 음식 에세이 『밥 이야기』에서 이 구절을 읽은 순간, 마침 머릿속에 떠오르는 차가 해피 버스데이 티였다. 딸기 향과 바닐라 향이 진하게 코끝을 자극하는 해피 버스데이 티는 딸기 케이크를 연상하게 한다. 홈페이지에서는 레드 베리를 넣었다고 하지만, 딸기도 레드 베리의 여러 종류 중 하나다!

하루하루를 기념일처럼 특별하게 보내는 홍차. TWG가 이 차에 담은 의미다. 그 기념일이 생일이라는 데서 마음의 위안이 된다. 다른 사람과 관계를 맺으며 생긴 기념일들이 많지만 생일만큼은 오롯하게 나 혼자만의 날이다. 한 해가 갈수록 생일이라는 날짜에 무감각해지기는 하지만 마냥 흘려보내는 평소보다는 확실히 경쾌한 날이다. 해피 버스데이 티를 마시며, 아직 몇 달 남은 생일을 되새기는 것은 세상의 즐거운 일을 조금이라도 끄집어내려는 나만의 의식이다.

2018년에 소확행이라는 단어가 크게 유행했다. SNS에서는 차 마시는 사진에 소확행 해시태그가 붙기도 한다. 내가 차를 마시는 것을 본 주변 사람들의 반응에서도 '소확행이네~'가 가끔 등장한다. 소확행이라는 단어로 차 생활을 사소한 것으로 만들어버리니 불만이기도 하다. 다도라는 거창한 말까지 붙이고 싶지는 않아도 차를 꼬박꼬박 챙겨 마시고, 맛과 향을 탐구하기도 하는 행위는 트렌드로 소비되었던 소확행

해피 버스데이 티타임

보다는 좀 더 의미를 담은 정성스러운 마음가짐이다.

이런저런 생각을 하다가 또 해피 버스데이 티 한 잔을 마신다. 입 안에서 너무 느끼하지도 달지도 않게 찻물이 녹아든다. 춥지도 덥지도 않을 때 하루하루를 긍정하기에 좋은 차다. 무한 긍정이 아니다. 작은 쾌락에 안주하는 대신, 차에서 얻는 긍정적인 에너지로 현실을 헤쳐 나가는 것. 그러면서 차분한 자신감, 시간 사치를 누리고 있다는 설렘을 얻는 것. 해피 버스데이라는 차를 이렇게 해석해 본다.

티 레시피

• TWG에서는 95도에서 우릴 것을 권장하지만 끓는 물에서 우려도 무난하다. 뜨겁게 마실 때가 제일 맛있다. 해피 버스데이는 차의 맛이 부드럽기 때문에, 딸기 가향 홍차를 밀크티로 자주 마신다면 '1837 BLACK TEA'를 선택하는 것이 좋다. 마찬가지로 TWG의 대표 제품 중 하나다.

3

티 파티 티 Tea Party Tea
한 잔의 차와 케이크만으로 다녀온 티 파티

"옆에 스티커가 붙은 차만 저희 매장에서 제공합니다." 대만 타이
베이 101의 TWG 티룸, 친절한 대만인 직원이 메뉴판을 주면서 하는
말이었다. TWG가 마리아쥬 프레르로부터 몇 가지 특징을 본받았다
고 생각하는데 티룸의 메뉴판이 두툼한 것마저 비슷하다. 그래도 책
자가 아니라 일반 레스토랑 메뉴판의 느낌이기는 하다. 다행히 티 리
스트는 제품 번호 순서대로 정렬되었다. 핸드폰에서 TWG 홈페이지
에 들어가 원래 마시기로 정해두었던 차의 이름을 검색해서 제품 번

호를 확인한다. 하지만 아쉽게도 그 차 옆에는 스티커가 붙지 않았다.

또 다시 선택의 시간이 필요했다. 국내에서 쉽게 마실 수 없으면서도 약간 출출하니 디저트와도 곁들일 만한 차가 좋겠다. 그때 '티 케이크나 샌드위치와 잘 어울리는 블렌드' 문구에 눈이 번쩍 뜨였다. 파인애플과 오렌지 등 과일 향이 풍성하다는 티 파티 티였다. 과일 케이크를 같이 주문하고 멍하니 앉아 지친 다리를 쉬면서 여행의 감상을 무의식의 흐름대로 정리해 본다.

대만 여행을 아주 좋아하지만 대만에서 모든 게 완벽하게 맞아떨어진 날은 거의 없었다. 그렇게 느낀 것은 주로 날씨 때문이다. 오죽하면 우스갯소리로 영국과 대만의 차문화가 발달한 이유가 우중충한 날씨 덕분이라고 할 정도니까. 이날은 다행히 날씨는 좋았지만 몇 달 동안 궁금해했고 마시고 싶었던 차를 못 마시게 되었다. 다행히 금방 나온 티 파티 티의 맛은 괜찮았다.

파인애플과 오렌지 향이 난다는 설명에 그랜드 웨딩처럼 열대 과일 향일 줄 알았는데 풍부한 견과류 향이 난다. 얼핏 맡으면 파인애플 쿠키 향도 난다. 과일 생크림 케이크는 딸기와 블루베리로 장식되어 파인애플과 오렌지 향이 너무 강했다면 서로 겉

과일 케이크와 함께한 티 파티 티

돌았을 텐데, 다행이었다.

티 클래스, 다회, 티 파티… 차를 배우면서 이름이 조금씩 다른 프로그램에 참여하는 중이다. 사람들이 모여 같이 차를 마시는 건 다회나 티 파티나 동일한데, 티 파티라고 하면 달콤하고 다회라고 하면 담백한 이미지가 연상된다. TWG 티룸에서의 티 파티는 어떤 모습일까? 영국처럼 가든에서의 싱그러운 파티는 아니지만 TWG 특유의 금색과 노란색이 넘치는, 달콤하지만 다소 절제된 티 파티. 그 모든 것들이 한 잔의 차에 녹아들어 있다.

이 글을 쓰면서 TWG 홈페이지에서 틴 디자인을 처음 봤는데 이상한 나라의 앨리스의 토끼가 찻잔과 티팟을 들고 있다. 디즈니 애니메이션 중 이상한 나라의 앨리스는 그동안 여러 홍차 제품과 티 파티의 모티브가 되어 왔다. 차맛만으로는 앨리스가 된 느낌을 전혀 못 받았지만, 차를 만들고 마시는 것에 영감을 주는 컨텐츠 덕분에 차 생활이 풍요롭다.

같은 이름, 다른 느낌의 차
마리아주 프레르에서도 티 파티 티라는 이름의 차를 판매하지만 인상은 전혀 다르다. 아무래도 서로 다른 종류의 찻잎들끼리 파티를 해서 티 파티라는 이름이 붙은 게 아닐까 하는 혼란스러움이 밀려온다. 사기 전 심사숙고가 필요한 제품이다.

위크엔드 인 싱가포르 티
Weekend in Singapore Tea
울창한 정원에서의 주말 휴식

　도시 여행에 별로 관심이 없었을 시절에도 싱가포르는 항상 버킷 리스트에 있어 왔다. 유네스코 세계문화유산에 등재된 보타닉 가든과 한국에서는 쉽게 보기 힘든 난꽃이 만발하는 오키드 가든 등 도시와 어우러진 정원 때문이다. 적도에 가까운 이 나라에서 식물들은 정원 속에서 우거지며 도시에 휴식을 준다. 아직 싱가포르와의 인연은 없지만, 가끔 도심 속 숲을 산책하며 차를 마신다면 어떨까 생각해본다. 또 TWG가 싱가포르의 회사라는 점도 이 차에 대한 기대감을 더해주었다.

자국을 대표하는 '한 방'을 가졌을 거라 생각하면서 말이다.

　붉은 과일의 향이라고 하는데 달콤함보다는 시원한 후미가 끝에 남는다. 진한 갈색의 수색을 뚫고 나오는 싱그러움에 머릿속까지 같이 맑

아진다. 아니스라는 허브의 향을 첨가했기 때문인 것으로 보인다. 과일의 달콤한 향과 푸른 이미지를 연상하기는 하지만, 마시자마자 싱가포르나 주말 분위기를 바로 느끼기는 힘들다. 차 고유의 맛과 향이 이름에서 연상하는 분위기와 어우러질 때 더욱 티타임을 즐기게 되는데, 어떻게 해야 이 차를 더 잘 마실 수 있을까?

　오래 이어지던 꽃샘추위가 끝나고 한국의 나무에도 녹음이 짙어질 무렵 이 차를 냉침해 산책에 나섰다. 평탄하던 길은 산속으로 접어들었고 조금씩 지치기 시작했다. 잠깐 앉아서 쉬며 냉침한 차를 마시니 쌉쓰름하게 시원한 향이 숲의 공기와 어우러진다. 실내에서 마셨던 차보다 훨

숲의 공기와 함께한 위크엔드 인 싱가포르 티

씬 맛있다고 느낀다. 티타임의 만족도는 차 자체의 맛이나 개인의 컨디션뿐만 아니라 장소가 주는 분위기에도 영향을 받는다. 더 나아가서 좋

싱가포르의 다른 티 브랜드

싱가포르에서 홍차를 사오려고 인터넷에서 찾아보면 대부분 TWG가 나온다. 싱가포르 현지에서 사오는 TWG도 물론 의미 있지만, 새로운 브랜드에 도전해볼 수 있는 곳도 싱가포르다. 홍차를 배우면서 마셔봤거나, 차를 즐겨 마시는 분들의 SNS에서 종종 발견한 싱가포르의 티 브랜드다.

1 1872 Clipper Tea (클리퍼 티) 싱가포르에서 가장 오래된 티 브랜드로, 1872는 설립연도다. 클래식한 블렌딩의 홍차들을 주로 판매해 왔으나 점점 호기심을 자극하는 화려한 블렌딩을 시도하고 있다.

2 Gryphon Tea (그리폰 티) 가향차가 주류를 이루며 특히 과일이나 허브 가향을 살짝 비틀어 새롭게 해석한다.

은 차의 향은 내가 자리했던 장소를 더 특별하게 만들 수도 있음을 실감한다. 다음에 진짜 싱가포르의 정원에서 이 차를 마신다면 또 새로운 인상으로 다가올 것이다.

티 레시피

- 붉은 과일 향을 모티브로 한 같은 회사의 해피 버스데이나 마리아쥬 프레르의 파리–긴자와는 다르게, 달콤한 티푸드를 먹고 싶다는 생각이 들지 않게 한다. 거짓 식욕이 들 때 깔끔하게 입안을 정리하기에도 좋다.
- 급랭으로 아이스티를 만들면 허브보다 과일의 향이 더 살아나 한결 가볍게 마실 수 있다.

VII

루피시아

Lupicia

부담스럽지 않은 가향과
한정 마케팅의 매력

부담스럽지 않으면서 창의적인 가향 아이디어와 한정 마케팅으로 유명한 일본의 브랜드다. 루피시아의 시작은 1994년 홍차 전문점인 '레피시에'였다. 이후 2000년에 동양차를 중심으로 한 '녹벽다원'을 설립했고 2005년에 이 둘을 통합해 세계 차 전문점인 루피시아가 탄생했다. 루피시아는 짧은 역사에도 불구하고 다양한 베이스의 가향차와 일본, 인도, 스리랑카, 대만 등 세계 여러 산지의 다원차, 블렌딩차를 구비했다. 계절 한정, 지역 한정, 럭키 박스, 테마에 맞추어 책 형태의 틴에 여러 차를 조금씩 담은 티북, 대규모 시음 및 할인 행사인 그랑마르쉐까지 적극적인 마케팅을 전개한다.

도쿄 지유가오카의 본점을 비롯하여 일본 전역에 매장이 있으며 우리나라에도 2000년대 중반에 루피시아가 진출했으나 폐점했다. 글로벌 매장은 하와이, 샌프란시스코, 파리, 멜버른에 위치한다. (2018년 12월 기준) 이 챕터에서는 글로벌 매장 중 프랑스 파리 매장의 한정 차를 소개한다. 일본 차문화라기보다는 프랑스와 일본 차문화 교류를 살펴볼 수 있을 것이다.

1

보나파르트 40번가 Bonaparte N°40
파리에 자리잡은 루피시아

파리에서 아직 시차적응이 덜 되었을 때, 무슨 생각에서인지 생제르망 거리까지 걸었던 기억이 난다. 숙소에서 떠난 지 30분이 넘어가면서 다리도 아프고 여유도 없어져서 구글 지도와 앞만 번갈아 보며 걸었다. 그러다 갑자기 검정색 외관의 상점이 눈에 들어왔는데 바로 루피시아 파리 매장이었다. 이 매장이 위치한 보나파르트 거리는 생제르망 거리의 대표적인 카페인 Café de Flore카페 드 플로르, Les deux Magots레 뒤 마고와 교차하는 곳이다. 루피시아는 일본 브랜드임에도 파리의 부촌 지역에 건재하게 자리잡고 있다. 프랑스와 일본이 문화적으로 밀접한 관계라는 점을 차문화에서도 실감하게 된다.

보나파르트 40번가 차는 이 매장의 주소에서 이름을 딴 파리 매장 한정 차다. 미야자키의 덖음 녹차와 다즐링 퍼스트 플러시를 블렌딩하여 프랑스와 일본의 융합을 상징한다고 한다. 블렌딩 정보만 보면 도저히 어떤 맛인지 가늠할 수 없다. 그런데 막상 마시면 파릇한 풀 향과 덖음 녹차의 구수한 단맛이 어우러지니, 정말이지 예상치 못한 지점에서 의외로 맛있는 차를 만났다. 분주하게 갈 길을 가다가 의외의 목적지를 찾았던 파리에서의 그 날과 비슷하다고 느꼈다.

루피시아의 파리 매장

다즐링 퍼스트 플러시는 인도 다즐링 지역의 홍차 중에서도 4월경에 수확하는 첫물차이다. 첫물차여서 그런지 홍차 방식대로 만들어도 녹차의 푸릇한 색과 싱그러운 향을 간직한다. 원래 복합적이고 풍부한 향을 지닌 세컨드 플러시의 가치가 더 높았으나 일본에서 퍼스트 플러시가 인기를 끌면서 가격도 같이 높아졌다. 루피시아에서는 프랑스에서 퍼스트 플러시가 사

수확 시기에 따른 다즐링의 분류

다즐링은 수확 시기에 따라 네 가지로 나뉜다. 앞서 소개한 첫물차, 6월 초여름에 수확하는 두물차(세컨드 플러시), 우기에 수확하는 몬순차, 10월 경 수확하는 가을차(어텀널 플러시)가 있다.

일본 규슈의 녹차 산지

일본 녹차로는 도쿄 근처의 시즈오카나 교토 근교의 우지가 주로 알려졌지만 우리나라와 더 가까운 규슈에도 적지 않은 차 산지가 있다. 그중 보나파르트 40번가 차의 녹차 산지인 미야자키는 일본 내 녹차 생산량 4위를 차지한다. 규슈에서 제일 생산량이 높은 곳은 남쪽의 가고시마 지역이다.

랑받는다고 하지만 일본인들의 퍼스트 플러시 사랑도 만만치 않다.

결국 녹차도, 다즐링 퍼스트 플러시도 일본인 취향의 블렌딩이었으며 이름만 프랑스식으로 붙였다는 느낌이 들기는 한다.

티 레시피

- 홍차는 팔팔 끓는 물, 녹차는 한 김 식힌 물로 우리는 것이 일반적이다. 이 차는 홍차와 녹차가 섞였으니 온도를 어떻게 맞춰야 할지 조금 고민이 되었다. 결론은 홍차에 맞춰 끓는 물에 우리는 것이 싱그러운 향을 더 잘 느낄 수 있었다.

2
비앙베뉴 아 파리 Bienvenue à Paris!
파리에 오신 것을 환영합니다

예상치 못하게 들어선 루피시아 파리 매장이었지만, 친절하고 세련된 이 공간을 찬찬히 둘러보았다. 앞서 소개한 보나파르트 40번가 차의 붉은색 틴이 시선을 사로잡았고, 그 옆에서 기품 넘치는 파리지엥의 그림이 파리에 도착한 여행자들에게 환영 인사를 건넨다. 파리에 오신 것을 환영한다는 Bienvenue à paris는 이 차의 이름이기도 하다.

매장에서 마셨다면 더욱 환영받는 느낌이 들었겠지만 아쉬운 대로 한국에 돌아온 후 이 차를 뜯어보았다. 환영한다고 장미꽃을 흩뿌리기라도 하듯 장미꽃잎이 가득하다. 루피시아의 한정 차들은 지역별로 의미를 담으려다 보니 블렌딩에 시각적으로 힘을 주기도 한다. 이 차도 수레국화 꽃잎으로 파란색을, 장미로 빨간색을, 오렌지 껍질의 안쪽 부분으로 흰색을 넣어 프랑스의 국기 색깔을 표현하였다고 한다. 잘 블렌딩된 차들은 시각, 후각, 미각을 모두 만족시킨다. 다른 음료에서 쉽게 만날 수 없는 차만의 묘미다.

비앙베뉴 아 파리 아이스티

장미나 베리류의 톡톡 튀는 가향을 마른 찻잎에서 느낄 수 있는데, 우리고 나면 향이 조금 더 자연스러워진다. 장미 향도 물론 나지만, 루피시아의 시그니처 차들인 딸기, 복숭아 향의 범주에서 크게 벗어나지는 않는데, 파리를 대표하는 한정 차로 출시된 것이 순간 의아하기도 했다. 하지만 루피시아에서 얼마나 기대를 가지고 파리에 진출했는지 생각해보면 브랜드가 가진 최선을 쏟고 싶었을 수 있다. 잘하는 것에 집중하는 게 현명한 선택이기도 하다.

파리 한정 블렌딩 홍차와는 별개로, 파리 매장에서는 지역 한정 일

CTC

비앙베뉴 아 파리의 잎을 자세히 들여다보면 간혹 작은 구슬처럼 뭉쳐진 찻잎이 나온다. 이러한 찻잎은 CTC 공법으로 만든 것이다. CTC는 Crush(분쇄하다), Tear(찢다), Curl(둥글게 말다)의 약자다. CTC로 찻잎을 생산하면서 세계 각국에서 홍차를 저렴하면서도 편리하게 즐기게 되었다.

러스트 틴도 선보인다. 2018년에는 틴 일러스트 공모전 수상 작품으로 비앙베뉴 아 파리를 포장, 한정수량으로 판매하였다. 또한 프랑스 랑데부 시리즈는 파리 한정 홍차 2개의 미니틴과 프랑스 명소와 어울리는 차 4종류의 미니틴으로 구성되었다. 4종류의 차 자체는 일본에서도 구입 가능한 것들이라 눈속임이라고 생각할 수도 있지만, 루피시아 특유의 틴 일러스트를 수집한다면 기념품으로 사볼 만한 쇼핑리스트일 것이다.

🍵 티 레시피

- 핫티와 냉침, 급랭 아이스티에서 맛과 향의 기복은 적은 편이지만 냉침했을 때 장미 향을 제일 진하게 맡을 수 있다.
- 루피시아 제품을 프랑스어 홈페이지에서 검색해 보니, 글로벌 매장 제품이라도 일본의 기준으로 우리는 방법을 표시한다. 일본과 우리나라는 물의 경도가 비슷해서 루피시아가 표기한 방법대로 우려도 크게 지장은 없다. 다만 종류에 따라 차가 너무 써질 수도 있고, 찻잎을 너무 많이 쓰게 된다. 아껴 마시고 싶어서 권장 방법보다 물의 양과 시간을 같이 늘려서 우린다.

VIII
대만

Taiwan

가까운 외국에서
차문화를 즐기고 싶다면

중국 출신 이민자 가조(柯朝)가 복건성의 차나무를 가져다 심은 것이 대만차 역사의 시작이다. 영국의 사업가 존 도드가 대만차를 처음 서양에 선보였고, 일제 강점기의 대만은 서양에 차를 수출하는 생산기지였다. 서양의 입맛에 맞는 홍차를 생산하면서 대만차가 국제적으로 이름을 알리게 되었다. 두 차례의 국공 내전을 거치면서 차 산업은 주춤했지만 경제가 회복되면서 대만 사람들의 차에 대한 수요도 높아졌다. 게다가 꾸준히 축적된 제조 기술과 적합한 기후 조건 덕분에 차 산업은 성장하였다. 중부의 고산지대를 중심으로 고품질의 청차(우롱차)를 생산한다. 현재 대만차는 75% 이상이 내수용이며 나머지도 미국과 일본으로 수출하기 때문에 한국에서 접하기는 쉽지 않다. 그나마 대만에서 개발한 버블티가 우리나라의 식문화에도 일상적으로 자리잡아서 대만의 차문화를 조금이나마 맛볼 수 있다. 다행히 대만은 지리적으로 가깝고 저렴한 항공편과 여행 정보도 풍부하다. 한여름이나 우기가 아니라면 대만으로의 차 여행 계획을 세워보는 것도 좋다. 왕덕전 등 일부 브랜드는 중국 대륙에도 매장이 있으니 참고하자.

대만차는 생산과 등급 체계를 잘 갖추었다. 그래서 어느 정도 공부를 해야 합리적으로 구매할 수 있는 중국 대륙의 차와 달리, 대만차는 초보자라도 안심하고 구매할 수 있다. 대만의 청차(우롱차)는 발효도와 제조방식에 따라 맛과 향이 다양하다. 대만의 차문화도 마찬가지다. 편안함과 고급스러움, 어떤 종류의 차문화라도 대만에서는 모두 즐길 수 있다.

1

일월담 홍차

사과 향을 품은 해와 달의 홍차

일월담은 대만의 중심 타이중의 근교 여행지다. 해와 달이 만난 듯한 호수 모양과 시시각각 변하는 아름다운 물빛으로 유명 여행지로 꼽힌다. 넓게 펼쳐진 일월담과 산봉우리를 배경으로 자전거나 케이블카를 타다 보면 마음이 평화로워진다. 일월담에 하루 머물면 아침 안개에 싸인 호수의 고즈넉한 풍경도 눈에 들어온다.

관광지로만 알았던 일월담 근처에서 홍차를 생산한다는 사실은 일월담에 다녀오고 거의 10년이 지난 후에 알게 되었다. 대만차라고 하면 비슷비슷하게 맑은 맛과 향이 나는 우롱차들만 떠올랐는데 홍차를 만든다는 것도 생소했다. 전형적인 홍차 같으면서도 농밀한 과일 향이 감동적이었다. 티 클래스에서 예상치 못하게 만난 일월담 홍차는 그렇게 나의 첫 대만 홍차가 되었다.

대만 사람들이 일월담 지역에 아쌈 차나무를 심으면서 일월담 홍차가 처음 탄생했으며, 품종 개량을 계속 진행하여 대만 대표 홍차로 자리매김하였다. 쉽게 접할 만한 일월담 홍차는 차나무 품종에 따라 아살모^{대차 8호}, 홍옥^{대차 18호}, 홍운^{대차 21호}로 나뉜다. 그중 가장 사랑받는 품종은 홍옥이며, 홍운은 비교적 최근에 생산된 것이지만 부드러움과 섬세함으로 인기를 끄는 중이다.

일월담 홍차 티타임

타이베이에서 융캉제의 심원 매장에 들러 일월담 홍차를 샀다. 혼자 마시다 보니 차를 넉넉하게 넣어 우려본다. 예전에 마신 일월담 홍차보다 꿀 향은 덜하지만, 무가당 사과즙을 한 모금 입에 머문 듯한 새콤달콤한 사과 향에, 박하처럼 시원하고 아쌈처럼 묵직한 바디감은 여전했다. 품종과 생산년도, 지역마다 맛이 조금씩 다르다는데 이 차는 단맛보다 쓴맛이 조금 더 두드러졌다. 차의 세계는 정말이지 끝이 없고 계속 배워야 한다는 걸 실감한다.

☕ 티 레시피

- **쉽고 빠르고 간단한 일월담 아이스티**

  동양차와 아이스티, 약간 생소한 조합처럼 들리겠지만 차갑게 마셔도 맛있는 동양차들이 많다. 특히 일월담 아이스티의 새콤달콤한 향과 화하게 퍼지는 여운은 더위를 시원하게 날려보낸다. 냉침도 좋지만 여기서는 더 빠르고 맛있는 즉석 아이스티를 소개한다.

  1. 일월담 홍차 5g를 끓는 물 100ml에 1분 동안 우려낸다.
  2. 차가 우러나는 동안 내열 유리컵에 얼음 6~8조각을 넣는다.
  3. 1분이 다 되면 찻잎을 거른 찻물을 2의 유리컵으로 바로 붓는다.
  4. 유리컵을 살짝 흔들어 얼음이 찻물을 빨리 식히도록 한다.
  5. 맛있게 마신 후 다시 1~4의 과정을 반복한다. 차를 우리는 시간은 20초씩 늘려 나간다. 홍차가 가진 맛이 다 빠질 때까지 마시면 된다.

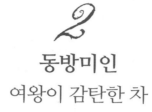

동방미인
여왕이 감탄한 차

동방미인, 이름만으로 가장 호기심을 불러일으키는 대만차다. 그런데 동방미인은 다른 이름도 여러 가지다. 팽풍차, 백호우롱, 복수차 등…. 이름만큼이나 많은 전설과 이야기들을 간직한다.

팽풍차의 팽풍은 '허풍'이라는 뜻이다. 한 농부가 키우던 찻잎이 병충해를 입었다. 농부는 손해를 조금이라도 줄이려고 찻잎을 내다 팔았는데 오히려 벌레 먹은 찻잎이 독특한 풍미 덕분에 비싸게 팔렸다고 한다. 믿지 못한 동네 사람들이 농부를 허풍쟁이라고 불렀다. 그러나 동방미인의 놀라운 맛은 허풍이 아니라 과학이다. 벌레의 이름은 부진자 또는 소록엽선으로, 벌레가 갉아 먹은 찻잎은 스스로를 방어하기 위해 화학 물질을 내뿜는다. 동방미인의 찻잎을 재배할 때는 소중한 벌레를 죽이면 안 되므로 농약을 쓰지 않는다.

전설에 의하면, 영국의 빅토리아 여왕이 팽풍차를 차 상인으로부터 선물 받고, 우러나는 모습과 맛에 감탄하며 동방미인이라는 이름을 붙였다고 한다. 빅토리아 여왕이 아니라 엘리자베스 여왕이라는 설도 전해진다. 증거가 확실하지 않은 전설이 여전히 이어지는 까닭은 동방미인 차가 그만큼 매혹적이기 때문일 것이다.

찻잎을 보면 왜 이 차가 백호우롱으로도 불리는지 바로 알 수 있다. 갈색과 검정색의 잎들 사이사이로 하얀 잎들이 모습을 드러낸다. 동방미인은 발효도가 높은 우롱차로 분류된다. 이 차를 만들 수 있는 차의 품종과 발효도의 스펙트럼이 넓다 보니 다양한 맛과 향의 동방미인이 출시된다.

대만에서는 정기적으로 차 품평 대회를 연다. 대회에 참여하는 차 농부들은 정성껏 차를 만들어 우열을 겨룬다. 시합에서 상을 받은 차는 비새차比賽茶 : 비새는 중국어로 시합이라는 뜻라고 한다. 동방미인 비새차는 검증받았다는 점과 희소성으로 가격대가 매우 높다. 차 선생님 찬스로 비새차를 한 두 종류 마셔봤는데 화려한 꽃향기가 날카롭게 코를 찔렀다. 반면 심원의 동방미인은 조금 더 구수하며 흰색 꽃향과 푹 익은 과일 향이 난다. 매일매일 편하게 마시기 좋다.

아직 나의 취향과 내공으로는 심원의 동방미인만으로도 이미 여왕이 된 기분이다. 차를 마시는 행위는 차의 세계와 내면의 취향을 동시에 탐험하는 긴 여정 같다. 정답이 없으니 줄세우기의 유혹에 빠지기도 하지만, 자신의 취향과 예산을 기준으로 합리적인 선택을 해야 오래 지속 가능한 취미다. 더 긴 호흡으로 차를 마시면서 앞으로 만날 동방미인의 다른 모습을 기대해본다.

동방미인 티타임

🍵 티 레시피

서양 브랜드의 홍차와 똑같은 방식으로 대만차를 우려도 되지만 중국/대만차를 우리는 전통 다구는 호와 개완이다. 개완은 어느 종류의 차에나 어울리는 만능 다구로, 사용법을 손에 익혀 두면 유용하다. 일월담 홍차/동방미인을 진하게 마시는 것을 좋아한다면 아래 방법을 참고하자.

1. 개완에 차를 5g 넣는다. 저울이 없으면 개완의 1/3을 차로 채우면 된다.

2. 약 85도의 물을 개완에 붓는다. 동방미인은 우롱차이므로 너무 뜨거운 물을 부으면 쓴맛이 난다. 일월담 홍차는 끓는 물에 우려도 괜찮지만 대만의 차 산업 종사자들은 비교적 낮은 온도를 권장한다. 너무 많이 부으면 뜨거워서 잡지 못하므로 뚜껑을 닫아도 넘치지 않는 선에서 최대치로 부어야 한다. 개인적으로 사용하는 개완에는 물 100㎖가 들어가며 개완의 크기에 따라 물의 양은 달라질 수 있다.

3. 찻물만 빠져나올 수 있도록 개완 뚜껑을 닫고 바로 첫 물을 따라낸다. 이를 세차 또는 윤차라고 한다. 대만차는 깨끗하게 생산하기 때문에 생략해도 되고, 첫 물을 버리지 않고 마셔도 된다.

4. 개완에 다시 끓는 물을 붓고 약 50초 후에 따라낸다. 우릴 때마다 10초씩 시간을 늘려 나간다. 찻물 색이 빠졌다 싶으면 그만 마신다.

초보부터 고수까지, 차를 사랑하는 모두에게 열린 도시 타이베이

차를 마시면서 재발견한 여행지가 바로 타이베이다. 웬만한 관광지에서는 저렴한 밀크티에서부터 고즈넉한 차관까지 차를 쉽게 만난다. 특히 융캉제는 차 애호가라면 몇 날 며칠을 머물러도 질리지 않는 곳으로, 전통과 전문성을 간직하면서도 세련된 인테리어의 차관들이 가득하다. 타이베이 101은 타이베이의 대표 여행지이면서도 대만의 유명한 티 브랜드들이 입점하여 편리한 쇼핑이 가능하다. 차를 사랑한다면 관광을 즐기면서 여유롭게 대만 차문화도 체험해 볼 것을 추천한다.

STEP 1 가볍게 기념품이 될 만한 차를 사고 싶다!

대만차에 처음 관심을 갖게 된 것은 패키지가 아름답고 티백으로도 적당한 맛을 내는 두 브랜드 덕분이었다. 동양적인 패키지가 아름다운 '교양차행'과 모던하면서도 자연의 매력을 담은 '소다재당'이다. 융캉제와 타이베이 101에 모두 매장이 있으며 융캉제에서는 좀 더 편하게 시음이 가능하다. 시음이나 최소 시향이라도 한 후 구입해보자.

STEP 2 카페에서 커피는 식상해, 차를 마시면서 쉬고 싶다!

• 융캉제에서 단 한 군데의 차관만 고른다면 : 반무원자(半畝院子)
융캉제 중심에 자리잡은 유명한 차관이다. 원래 이름은 회류^{回留}였으나 현재 이름으로 바뀌었다. 실내 분위기는 맑은 날보다 흐리고 우중충한 날, 또는 저녁에 더 잘 어울린다. 차와 디저트뿐만 아니라 채식 식사류도 먹을 수 있고, 대만의 자기 브랜드 '자만당'의 아름다운 다구 세트에 차를 우릴 수 있다는 것도 장점이다. 차는 직접 우려야 하나 요청하면 우리는 방법도 알려준다. 주전자와 화로를 주므로 물은 얼마든지 리필해 끓여 마시면 된다. 찻물 값 200NTD^{한화 약 7,400원}와 부가세 10%를 별도 지불해야 해서 가격대는 비싼 편이지만 여행자로서 꼭 한번 들

를 만한 곳이다.

• 융캉제의 캐주얼한 차관 체험하기 : Stop by tea house(串門子茶館)

융캉제에는 그야말로 한 집 건너 한 집에 찻집이 있다. 하지만 비싼 다구들로 가득 찬 쇼케이스
와 문 밖에서부터 풍기는 고급스러움을 갖춘 차관은 선뜻 발을 들이기 조심스럽다. 자연스러운
식물들이 반겨주는 Stop by tea house는 차를 잘 모르는 여행자라도 캐주얼하게 들어서게
된다. 내부 인테리어는 편안하지만 직원들의 차에 대한 열정과 지식은 프로페셔널하다. 특히 사
장님이 직접 기획한 지하 1층의 차실은 청명한 밤에 맑은 개울가에서 다회를 즐기는 듯한 감각
을 선사한다. 지하 차실은 단체 손님만 이용 가능하나 개인 손님도 직원에게 요청해서 관람할
수 있다. 찻물 값은 따로 받지 않고 부가세 10%는 별도이다.

• 향긋한 홍차에 끌린다면 : 타이베이 101 TWG 티 살롱

타이베이 101 빌딩 4층에 위치하며 규모가 상당히 커서 눈에 잘 띈다. TWG의 다양한 티 리스트 매장 사정에 따라 모든 홍차를 제공하지는 않음 중에서 골라 마시는 즐거움이 있으며 디저트와 애프터눈 티 메뉴도 풍성하다.

• 지우펀에서 오랜 산책에 지쳤다면 : 아메이 차주관(阿妹茶酒館)

항상 사람이 많은 지우펀에서는 잠깐 조용히 앉아 쉬는 시간이 필요하다. 지우펀의 대표적인 건 물인 '아메이 차주관'에서 풍경을 바라보며 우롱차를 마시는 여유를 누린다. 관광지라서 차맛이 아주 섬세하지는 않아도 분위기에 취해본다.

STEP 3 고급스러운 차를 사고 싶다!

• 포장, 인지도, 차의 품질을 모두 만족하는 곳 : 왕덕전(王德傳)

강렬한 붉은색 틴으로 각인되는 왕덕전은 접근 성이 좋은 고급 차 브랜드다. 150년이 넘은 전 통을 자랑하면서도 세련되고, 트렌드에 발맞추 려 노력한다. 홈페이지의 '생산/판매 이력' 메뉴 에 제품 번호를 입력하면 생산 일자, 생산 지역, 상미 기한, 제품 설명이 한꺼번에 나와 믿음직 스럽다. 해당 메뉴는 중문 번체로만 제공한다.

• 고급 다구와 차를 한번에 쇼핑할 수 있는 곳 : 심원(沁園)

왕덕전 융캉제 지점의 바로 옆집은 '심원'이다. 차 매장과 다구 편집샵을 겸하며 다구 중에서 는 자체 생산한 제품도 있다. 밑바닥에 한자로 '심원' 두 글자가 적혔다. 복숭아, 매화, 대나무 등 핸드메 이드로 그린 무늬들이 정교하다. 차는 한 박스에 50g이며 심플한 포장에 차의 이름이 한문으 로 멋스럽게 쓰였다. 홍차는 많이 마시지만 대만차는 아직 익숙하지 않다면 심원의 일월담 홍 차로 시작해보자.

• 대만차 애호가들이 사랑하는 동정오룡의 명가 : 충이차창(虫二茶莊)

오로지 동정오룡만 만들어 판매하는 충이차창은 융캉제의 초입에 위치한다. 중국/대만차 다회에 참석하면서 충이차창의 차를 몇 번 마셨는데, 처음에는 취향이 아니었지만 점점 매력에 빠져 꼭 타이베이 현지에서 구입하고 싶었다. 일반 여행자보다는 단골의 비중이 높아 처음 들어설 때 쭈뼛쭈뼛했지만, 친절한 사장님이 자연스럽게 차 시음을 권하면서 어색한 분위기도 누그러들었다. 차 가격은 상당한 편이니 무턱대고 사기보다 한국에서 조금씩 마셔보고 경험한 후에 방문하면 후회가 없을 것이다.

대만 차관에 자주 등장하는 차들

대만차를 현지에서 처음 마신다면 아무래도 메뉴판이 너무 생소하다. 차관 주인한테 추천을 받아도 되지만 평소에 어떤 차를 마시냐는 질문이 되돌아오는 경우가 많다. 그래서 대만차를 평소에 많이 마시지 않았다면 취향에 안 맞는 차를 추천받을 수도 있다. 대만차의 종류를 모두 소개할 수는 없지만 메뉴판에 자주 나오는 차들의 특징을 간단히 알아두고 끌리는 차를 주문해보자. 앞서 소개한 금훤우롱, 일월담 홍차와 동방미인은 제외한다.

• 문산포종(文山包種, Wenshan Baozhong) : 맑은 꽃향이 차분하게 화사하며 녹차에 가까운 우롱차
• 동정우롱(凍頂烏龍, Dongding Oolong) : 진하고 구수한 향과 부드러운 여운의 우롱차로, 로스팅(홍배) 강도에 따라 구수함의 정도는 다르다.
• 아리산우롱(阿里山烏龍, A-li Mountain Oolong) : 아리산에서 생산하는 찻잎으로 만든 청아한 향의 우롱차
• 목책철관음(木柵鐵觀音, Muzha Tieguanyin) : 농밀하고 달콤한 여운이 오래 남는 대만식 철관음

IX

중국

China

명실상부한
차의 고향

중국은 차의 기원과 발전에서 절대 빠질 수 없는 국가다. 신농씨가 약초를 연구하던 중 독이 든
풀을 잘못 먹었는데, 뜨거운 물에 차나무 잎이 떨어진 것을 마시고 해독이 되었다는 설화가 전
해 내려온다. 차가 일상생활에 들어온 건 그로부터 몇 천 년 후다. 당나라에 이르러 불교가 성행
하고, 과거를 치를 때 응시생과 시험관에게 차를 지급하고, 차를 세금으로 바치도록 하는 공차
제도를 도입하며, 금주령을 내리면서 차문화가 널리 발전하였다. 최초의 차 경전인 〈다경〉도 당
나라 때 지어졌다. 송나라 때에 이르러 차문화는 더욱 화려해졌다. 특히 일본 다도의 핵심을 이
루는 말차도 송나라에서 유래하였다. 세금으로 바쳐야 하는 차의 품질에 대한 기준이 높아졌다.
17세기에 네덜란드와 영국의 무역상들이 중국차를 수입하면서 차 무역이 급성장했다. 영국은
차 수입으로 생긴 무역수지를 메우기 위해 아편 전쟁을 일으켰고, 중국의 차나무를 인도와 스
리랑카에 가져다 심기까지 하였다. 이때 중국의 차 산업은 일시적으로 황폐해졌으나 전세계의
홍차 문화가 확산되는 계기기도 했다. 정부 차원에서 차 생산을 장려하면서 중국은 세계에서
차를 제일 많이 생산하는 나라로 다시 자리매김했다. 하지만 녹차 위주의 음용 습관 때문에 중
국 홍차는 중국 차 생산량의 10%에도 미치지 않는다.

그렇다고 중국 홍차의 품질까지 나쁘다는 것은 아니다. '기문향'이라는 고유명사를 만들어낸
기문 홍차, 수출용 홍차로 널리 사랑 받았던 운남 홍차, 비싼 가격으로 주목받는 금준미, 그 외
에도 여러 차 산지에서 의외의 맛을 선사하는 홍차들을 생산 중이다. 이번에는 앞의 세 가지
홍차들을 함께 마셔보려 한다.

1

기문
세상 어느 것과도 비교할 수 없는 '기문 향'의 주인공

전 세계적으로 사랑 받는 기문 홍차는 특유의 '기문 향'으로 유명하다. 향기 자체에 차의 이름을 붙여버렸다니, 정말 개성이 넘친다. 약간의 훈연 향을 시작으로 풍부한 과일 향과 난꽃 향이 어우러져 나는 향이라고 한다. 기문 홍차에 처음 매료된 사람들은 기문 향을 봄의 향으로 표현했다고 전해진다.

기문은 안휘성 황산시에 위치한 작은 현縣급 도시다. 황산은 1년에 200일 이상 운무가 가득하고 너무 춥지도 덥지도 않은 고산지대라서 차를 키우기에는 최적의 환경이다. 황산에서는 기문 홍차 말고도 태평후괴, 황산모봉 등 중국의 명차들을 생산한다.

아편 전쟁에서 패배하고, 영국에서 인도를 통해 홍차를 자체적으로 생산하면서 중국의 무역수지는 계속 나빠졌다. 녹차 시장 불황기에 홍차 사업을 시작하는 사람들이 등장했고, 기문 지역에서 수출용 홍차를 생산하였다. 기문 홍차는 1915년 파나마 만국박람회에서 금상을 차지하면서 주목 받았다. 1980~1990년대에 열린 식품 박람회에서도 수상하면서 중국 대표 홍차의 지위를 확실히 하였다. 서양 브랜드의 가향차들 중 중국차가 들어갔다고 하면 기문 베이스일 확률이 높다. 물론 베이스로 쓰이는 기문 홍차의 품질은 무난한 수준이다.

고급 다즐링도 다원과 차나무 품종에 따라 다른 매력을 보여주듯이 기문도 마찬가지다. 마시자마자 난꽃 향이 바로 올라오는 차도 있

아몬드 크로아상과
함께한 기문 홍차

고, 초콜릿이나 꿀 향, 견과류 향이 훨씬 두드러지는 차도 있다. 데일리 티로 마시기 좋은 포트넘 앤 메이슨의 기문은 후자에 가깝다. 마른 잎에 코를 가져다 대면 초콜릿, 꿀, 견과류 향이 훈연 향과 어우러져서 더욱 중후하고 달콤하게 느껴진다. 랍상소우총의 소나무를 태운 훈연 향 대신 마른 자작나무를 태운 듯한 향이다. 중국 홍차답게 쓴맛은 적고 단맛이 두드러지지만 식으면 끝맛이 좀 떫어지니 너무 식혀서는 안 되겠다.

아침저녁으로 조금씩 시원해지는 9월 초, 기문 홍차 한 잔이 생각나는 계절이다. 오랜만에 예전 레시피대로 우려보니 살짝 밍밍한 맛이 난다. 다시 변해버린 차 우리기에 적응하느라 열흘 정도 보내고 나니 드디어 기대하던 맛과 향이 나온다. 올해 다시 만난 이 맛을 소중히 여기고 여름을 무사히 지낸 것에 감사한다.

🍵 티 레시피

- **포트넘 앤 메이슨의 기문을 기준으로 한다.**
  서양식으로 우리기 : 티메이커에 기문 홍차 6g와 물 700mℓ를 넣고 2분 30초~3분 30초 우린다.(처음에는 3분을 우려보고 개인의 기호에 따라 조절하는 게 좋다.)

  중국식으로 우리기
  1. 개완(또는 다관)과 공도배, 찻잔을 예열한다.
  2. 기문 홍차 3g를 넣고 2분 30초~3분 우린다.
  3. 홍차는 내포성이 약하므로 세 번 우리면 맛과 향이 떨어진다고 한다. 실제로 네 번째 우릴 때부터 향이 연해지기는 했지만 못 마실 정도는 아니었다. 횟수에 얽매이기보다는 차의 맛과 향 변화를 봐서 계속 우릴지 말지 결정한다.

  먹어본 티푸드 중에서는 살짝 달콤하면서도 부드럽게 바삭거리는 아몬드 크로아상이 제일 잘 어울렸다.

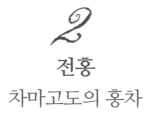

전홍
차마고도의 홍차

차마고도는 중국의 차와 티베트의 말을 교역하기 위해 만들어진 길이다. 실크로드보다 200여 년 먼저 열렸다고 하는 이 길은 중국 운남에서 시작하였고 나중에는 티베트뿐만 아니라 네팔, 인도까지도 이어졌다.

차마고도의 시작지인 운남은 보이차 생산지로 유명하지만 같은 잎으로 홍차를 생산해오기도 했다. 기문 홍차를 줄이면 기홍이 되는 것처럼, 운남 홍차를 줄여서 운홍 또는 전홍이라고 한다. 운남성의 약칭으

광저우의 한 찻집에서 마신 운남 홍차

로 '운' 또는 '전'滇: 운남성에서 제일 크고 중국에서는 여섯 번째로 큰 호수 이름에서 유래하였
다. 을 사용해서다. 전홍은 보이차의 산지에서 생산하는 홍차다 보니 보
이차와 비슷한 특성을 가지는데, 기문 홍차와 달리 잎이 크다. 원래 품
종 자체가 대엽종인데다가 기후가 사시사철 따뜻하고 습윤해서 차나무
가 울창하게 자라서다.

뜻밖에 광저우의 찻집에서 운남 홍차를 처음 만났다. 찻집에서 마신
전홍은 오래된 나무의 잎으로 만든 '고수 전홍'이었다. 개인이 운영하는

찻집이라 주인과 대화를 나누면서 가진 차들을 시음하였다. 원래 사고 싶었던 다른 차들의 맛이 조금 실망스럽지만 대놓고 말하기는 힘들고, 어찌해야 할 지 모르던 중 마시게 된 차였다. 박스 하나를 가득 채운 마른 찻잎에서 오크통처럼 깊고도 달콤한 나무 향이 났다. 흑갈색 잎 중 간혹 노란색 잎이 보였다. 기다림 끝에 받은 차의 맛은 묵직했지만 쓰지 않았다. 망설임 끝에 산 고수 전홍은 나중에 지인들과 함께 마셨을 때 좋은 평가를 받아서 더욱 뿌듯했다. 특유의 깊은 향 때문에 추운 겨울에 어울리는 홍차다.

한편 금빛이 조금 더 많이 드는 '전홍 금침'은 더 어린 싹으로 만들어서 섬세한 맛이 난다. 금준미에서 맑은 고구마 향이 나기도 한다. 왜 이렇게 많이 다를까 하다가도 운남성은 우리나라보다 4배는 더 큰 곳이라 하니 이해할 수 있다. 김치라는 음식의 맛을 대략 알지만 각 지역별

공부(工夫) 홍차
많은 시간과 노력을 들여 만든 차라는 뜻이다. 중국의 10여개 지역에서 공부 홍차를 생산하며 지역명을 앞에 붙인다. 예를 들어 운남 홍차이면서 공부 홍차이면 '전홍 공부차'라고 부른다.

CTC와 홍쇄차
앞에 잠깐 나왔듯이 CTC는 분쇄하고, 찢고, 둥글게 말아 만든 홍차다. 홍쇄차도 '부순 홍차'라는 뜻이기 때문에 얼핏 들으면 CTC 홍차를 연상한다. 굳이 따지자면 홍쇄차는 조금 더 넓은 범위의 개념이다. CTC기법으로 만든 홍쇄차는 CTC 홍쇄차라고 따로 부르기도 한다. 운남 홍차로 만든 홍쇄차의 품질이 제일 높다고 알려졌다.

로 조금씩 맛이 다르듯 차도 마찬가지다. 그리고 트렌드에 따라 지금도 차농들은 우리도 모르는 새로운 차를 만들기도 한다. 그러니 세상의 모든 차를 다 안다는 것은 아주 멀고 어렵겠다는 생각이 든다.

3

금준미
금값으로 유명한 금빛 홍차

금준미는 중국 고급 홍차의 아이콘으로 여겨진 기문 홍차를 이기기 위해, 홍차의 본고장인 복건성 무이산 동목촌에서 만들어진 홍차다.

정산소종 중에서는 연기를 더 강하게 쬐어 만든 연정산소종, 연기를 아예 쬐지 않고 만든 무연정산소종이 있다. 무연정산소종을 마셔보면 랍상소우총과는 달리 전혀 훈연향이 나지 않으며 부드러운 홍차와 익은 과일 향이 산뜻하다. 금준미는 바로 무연정산소종의 일종이다. 정통 방식으로 만든 금준미는 무이산 동목촌의 어린 잎으로만 만든다. 취미로 마시기에 지나칠 정도로 비싸고 구하기도 힘들다. 무이산 외의 지역에서 생산방법만 똑같이 만든 홍차도 품질은 낮지만 넓은 의미의 금준미로 유통된다.

금준미라는 이름에 걸맞게 마른 잎은 가느다랗고 곱슬거리면서 금색으로 빛난다. 붉은 색의 찻물에서는 군고구마의 껍질 향을 맡을 수 있는데, 좋은 등급의 금준미에서는 조청을 발라 구운 군고구마처럼 달콤한 향이 나기도 한다. 맛도 단 편이다.

상하이 예원의 찻집 '호심정'에서도 금준미를 주문했다. 한 호에 108 위안 한화 약 18,000원 이라니 한국 내 고급 찻집에서 마시는 웬만한 차보다도 더 비쌌다. 그렇다고 정통 금준미라고 보장은 할 수 없지만 말이

호심정의 금준미 티테이블

다. 오랜 시간 관광객의 손을 타 세월이 느껴지는 작은 자사호에 금준미 잎이 담겨 나왔다. 따뜻한 물은 언제든지 리필이 가능했다.

작은 자사호에 조심스럽게 뜨거운 물을 붓고 기다리는 동안 중국의 전통 다식이 함께 나왔다. 짭조름한 메추리알, 소금간 한 씨앗, 작은 과자들도 있었지만 담백한 '쫑즈粽子: 찹쌀, 멥쌀, 쌀가루 등을 뭉쳐서 잎으로 감싼 후 쪄서 만드는 주먹밥의 일종' 와의 궁합이 그나마 나았다.

중국 홍차 중에서 금준미를 가장 좋아하는 이유는 특유의 맛과 향 때문이지, 높은 가격의 차를 마신다고 과시하고 싶어서가 아니다. 나의 차 선생님은 가끔 티 파티에서 금준미와 비슷한 향이 나는 중국 홍차를 우려주셨다. 중국에서 홍차를 소량 생산하는 지역들이 있는데 그중에서도 품질이 괜찮은 차들을 만나곤 한다.

금준미는 무이산 동목촌이라는 한정된 지역에서 생산하는 데다가 어린 잎으로 만들어서 희소성이 높다. 점점 유명해지면서 수요는 늘어났는데 공급량이 못 따라오니 가격도 계속 높아진다. 그러니 금준미가 좋은 차기는 하지만 가격 대비 합리적인 소비라고 볼 수 있는지는 의문이라고 한다. 앞으로 금준미의 맛과 향을 기준점으로 두되, 다양한 중국 홍차와 만날 마음의 문은 계속 열어둘 예정이다.

🍵 티 레시피

• 진품에 가까운 금준미를 마신다면, 티푸드를 곁들이지 않고 오감을 총동원해서 맛과 향을 느끼려고 노력할 것이다. 그래도 굳이 무언가를 같이 먹어야 한다면 크림이 많이 들어간 디저트류는 피하는 것이 좋겠다. 금준미처럼 달고 부드러운 홍차를 마시면 입 안의 기름기가 덜 씻겨 내려갈 테니 말이다.

X
한국

Korea

녹차 위주의 차문화에서
조금씩 다양성을 모색하다

우리나라에서 차라고 하면 티백 녹차를 연상하는 경우가 적지 않다. 녹차를 주로 생산하기도 하고, 고급 차 시장이 활성화되지 않았기 때문이기도 하다. 그래도 우리나라에서는 꽤 오래 전부터 차를 마셨다. 신라 시대부터 차문화와 관련된 기록이 전해지며 고려 시대에 불교와 더불어 차문화가 제일 발전하였다. 일제 강점기에 한국 차문화가 쇠퇴하였고 1960년대 초가 되어서야 제다업이 부활하였다.

아직 우리나라의 차 시장이 크다고 할 수는 없으나 조금씩 발전하고 변화하는 과정은 흥미롭다. 특히 최근 제주 녹차로 만든 말차의 품질이 높아지면서 말차는 일본산을 써야 한다는 공식을 깨뜨리고 있다. 덖는 방식의 녹차뿐만 아니라 홍차나 발효차 등 새로운 시도도 보이는 중이다. 티하우스를 운영하는 오설록에서는 제주 말차를 활용한 베리에이션 티와, 제주를 소재로 블렌딩한 가향차로 젊은 소비자에게 다가가는 듯하다.

이번에는 오설록에서 판매하는 제주의 홍차와 후발효차, 그리고 다른 지역의 홍차(발효차)를 마셔보려고 한다.

1
오설록 – 동백이 피는 곳자왈
달콤한 겨울의 동백꽃 향기

꽃을 좋아하는 사람들은 겨울이 어서 지나고 봄이 오기를 기다린다. 길고 긴 겨울을 나는 동안, 적지만 겨울에 피는 꽃들이 있어 위로가 된다. 그중 하나가 동백꽃이다. 집에서 키우던 동백꽃은 영양제만 꽂아주면 매년 겨울마다 빨간색 꽃을 피웠다. 얼핏 보면 작은 장미와 비슷하게 생겼고 아주 가까이에서 맡으면 은은한 장미꽃 향기가 났다. 코를 거의 꽃 안에 박다시피 해야 맡을 수 있었기 때문에, 아주 오랫동안 동백꽃에는 향기가 없다고 여겨왔다. 부산 동백섬에서 우연

동백이 피는 곶자왈 티타임

히 동백꽃 향기를 맡기 전까지는 말이다. 곶자왈은 용암이 분출할 때 나온 바위와 돌 중심으로 생겨난 숲이다. 오랫동안 사람의 손이 닿지 않은 이곳은 다양한 식물들이 무성하여 신비스러운 느낌을 준다. 곶자왈을 거닐다 보면 조금 습하지만 나무들이 내뿜는 달콤한 향기에 발걸음은 가벼워진다.

차를 처음 알게 되었을 때 가장 매력적으로 다가온 부분이 지역의 이름을 담은 네이밍이었다. 특히 여행을 갔다가 지역 특색이 짙은 차를 사오고는 한다. 여행의 추억을 되살리고, 이름의 유래가 궁금해서 열심히 찾다 보면 배경지식을 함께 공부하는 재미도 있다. 외국어 이름이 붙은 차들을 마시고 이야기를 추적하는 과정은 즐거웠지만, 한편 우리나라에는 차의 이야기로 풀어낼 만한 좋은 소재가 많지 않아서 안타깝기도 하다. 오설록의 '메모리 인 제주'가 반가운 것도 그래서

알아두면 좋은 동백꽃 이야기

• 동백꽃은 동박새가 꿀을 빨아먹으면서 꽃가루를 옮긴다. 다른 꽃으로 치면 벌이나 나비 같은 존재다. 동백이 피는 곶자왈 제품 겉면에도 동박새가 그려졌다.

• 동백꽃이 영어로 '카멜리아'인데, 차나무의 이름도 '카멜리아 시넨시스'다. 동백나무가 차나무과에 속하니 꽃이나 잎의 모양도 비슷하다. 먼 친척인 셈이다.

다. 제주의 자연을 이야기로 담아 풀어낸 차들은 제주에 대한 좋은 기억들을 불러일으킨다.

이 차에는 제주의 동백꽃잎이 들었다. 동백꽃도 꽃차로 만들어서 단독으로 마실 수 있다. 꽃잎만으로는 충분히 향을 느낄 수 없지만 꽃가향이 상당히 오래 간다.

🍵 티 레시피

• 밥을 든든하게 먹었는데도 군것질을 하고 싶을 때 이 차를 마시곤 한다. 다른 티푸드는 곁들이지 않는다.

• 오설록 티백은 1.8g이기 때문에 물 양도 줄여야 한다. 오설록 제품 겉면에는 90도, 150ml, 2분으로 쓰여 있으나, 개인적으로는 180ml이 무난하다. 팔팔 끓는 물에 우리거나 2분을 넘기면 간혹 떫은맛이 올라온다.

• 두세 번 정도는 우려내도 향이 사라지지 않는다. 두 번 우리고 남는 티백을 냉침하면 알차게 티백을 즐길 수 있다.

2

오설록 – 삼다연 제주영귤
상큼함을 더한 후발효차

보이차는 우리나라에서 '다이어트 차'라는 이미지가 강하다. 후발효차인 보이차는 만들어진 이후에도 계속 익어가는 차다. 시간이 지날수록 맛과 향이 좋아질 뿐 아니라 다이어트에 도움이 된다는 성분들도 녹차보다 많아진다고 한다. 여기서 왜 갑자기 상관없는 보이차 이야기가 나오냐 하겠지만, 오설록의 삼다연 제주영귤도 보이차와 비슷한 방식으로 만든 후발효차다. 제주 녹차의 잎을 쓰고, 제주 자연의 미생물로 발효시킨 후 삼나무 통에서 숙성한다고 한다.

여기에 제주 특산품인 영귤을 추가로 블렌딩했다. 삼나무의 살짝 훈연된 향과 귤피의 상큼한 향, 가향된 귤의 향이 잘 어우러진다. 삼다연 차에는 영귤과 유자 말고는 다른 과일이 생각나지 않을 정도다. 블렌딩 되지 않은 삼다연 차들도 판매 중이라는데, 꽃을 넣는다면 보이차처럼 국화가 어울릴지도 궁금해진다.

☕ 티 레시피

- 기름진 음식을 먹고 나서 단독으로 마시는 것이 좋으며 티푸드로는 시트러스 계열의 맛이 나는 쿠키가 제일 나았다.
- 후발효차라고 해서 홍차와 다른 방법으로 우려야 할 필요는 없다. 끓는 물에 우려도 괜찮으나 시간은 권장 시간(2분) 보다 너무 길지 않게 우려야 향을 은은하게 즐길 수 있다.
- 아이스로 마실 때는 티백 2개를 300ml의 물에 2분 30초~3분 간 우려낸 후 얼음을 가득 담은 컵에 천천히 붓는다.

3
오설록 – 제주숲 홍차
진하게 다가온 가을의 맛

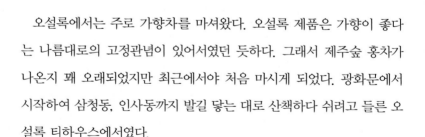

　오설록에서는 주로 가향차를 마셔왔다. 오설록 제품은 가향이 좋다는 나름대로의 고정관념이 있어서였던 듯하다. 그래서 제주숲 홍차가 나온지 꽤 오래되었지만 최근에서야 처음 마시게 되었다. 광화문에서 시작하여 삼청동, 인사동까지 발길 닿는 대로 산책하다 쉬려고 들른 오설록 티하우스에서였다.

　날씨 좋고 미세먼지가 덜할 때는 무조건 밖에 나가서 걸어야 직성이 풀린다. 서울에서는 광화문 일대를 걷길 좋아하고 제주에 가면 숲에서

초코 롤케이크와 함께한 제주숲 홍차

산책을 한다. 어쩌다보니 최근 몇 년간은 8~9월에만 가서인지 제주숲
이 싱그러운 인상으로 남았다. 그래서 제주숲 홍차가 청량한 민트 향과
은은한 꽃향이 나는 우바와 비슷할 것 같았다.

막상 마셔본 제주숲 홍차에서는 가을의 맛이 진하게 다가왔다. 가을
의 맛을 떠올린 것은 낙엽이 지는 계절에만 맡을 수 있는 짙은 나무의
향과 두터운 바디감 때문이 아니었을까. 덕분에 같이 주문한 초콜릿 케
이크와 아주 잘 어울렸다. 오설록의 다른 클래식차 라인에도 기대를 갖
게 하는 홍차였다.

4

홍차로 떠나는 국내여행

국내에서 생산하는 홍차를 찾기는 쉽지 않다. 홍차를 생산한 역사 자체가 짧고 녹차와 대용차 위주로 차 시장이 성장해왔다. 이제 녹차 다원에서 홍차를 생산하고 있는 추세지만, 다른 홍차 생산 국가들보다 상대적으로 면적이 좁아서 지역에 따른 개성은 적다. 그래서 동양차 전반에 대해 배울 때도 한국의 홍차는 아주 간략하게 언급만 되고 지나쳤던 기억이 난다.

어느 날 우연히 마신 한국 홍차는 꽤 마실만 하다고 느꼈다. 만약 이

차가 다른 지역에서 다른 이야기를 가지고 생산되었다고 하면 더 호감을 가졌을 것이라는 생각이 들었다. 그래서 이번에는 특별히 국내여행의 기억과 연결할 수 있는 산지의 홍차를 마셔보고자 한다.

■ 보성의 달콤한 금홍 홍차

보성에서의 기억을 색깔로 표현하자면, 망설임 없이 '초록'이라고 답

할 것이다. 차밭으로 들어가는 입구에 우거진 숲부터, 계단식으로 넓게 펼쳐진 차밭, 심지어 먹은 음식들까지도 모두 녹색을 연상시켰다. 붉은색과 전혀 어울리지 않을 듯한 이곳에도 홍차를 만들기 시작했다. 녹차든, 홍차든 처음엔 모두 녹색 찻잎에서부터 시작하니 이상할 것도 없지만 말이다.

차에서는 아주 부드럽고 조청과 비슷한 향이 난다. 밤에는 두꺼운 겨울 이불을 꺼낼 정도로 춥다가도 아침에는 더워서 아이스티를 마시는 10월 중순, 가장 손이 많이 가는 차다. 문득 보성의 봄이 아닌 가을도 궁금해진다. 보성에서는 홍차 생산뿐만 아니라 볼거리와 즐길거리도 젊은 감성으로 발전해 나가는 것 같아서, 조만간 이전과는 다른 보성을 느끼러 가야겠다. 차밭을 바라보며 금홍을 마시는 여유를 가지면서 말이다.

■ 홍차인듯 홍차 아닌 듯 홍차 같은, 지리산 발효차

지리산에 가본지는 아주 오래 되었지만 안개가 아주 자욱했다는 것만은 또렷하게 떠오른다.

좋은 차가 자라는 산지에서도 종종 안개가 낀다. 안개가 햇빛을 적당히 막아주면서 찻잎을 한결 부드럽고 감칠맛나게 만들어 준다. 지리산이라는 고산지대도 기온이나 일조량 측면에서 차나무를 키우기에 이상적인 환경이다. 덕분에 지리산 자락에서는 신라시대 때부터 오랫동안 차를 재배해왔다. 하동 쌍계사 인근에 차나무 시배지^{최초로 재배한} 곳가 있다.

하동 홍차와 금홍 홍차의 찻물색 비교

홍차는 매장에서 구하지 못해서 온라인으로 주문했다. 하동 홍차로 검색했는데 막상 받아보니 포장지에는 발효차라고 쓰였다. 잎과 찻물색은 보성의 금홍 홍차와 거의 차이가 없다. 홍차의 제조과정에서는 산화라는 표현이 더 맞기는 하다. 차를 만드는 과정에 따라 분류도 칼같이 구분되면 좋겠지만, 차 농장에서는 6대 다류로 다 나누지 못할 만큼 각자의 다양한 노하우대로 변칙적인 차를 생산한다.

제주에 이어 지리산에도 세련된 카페들이 생겨나는 중이다. 소위 '힙 플레이스'라는 동네의 땅값이 오르면서 지리산 쪽으로 영업장을 옮긴다는 이야기도 들어본 적 있다. 그런 걸 보면 여태까지 지리산의 매력이 저평가되었다는 생각이 든다. 우리의 발효차도 아름다운 자연의 이미지를 등에 업고 떠오를 정도가 되기를 기대해 본다.

취미로 차를 한다는 것

퇴근하고 뭐하냐, 취미가 뭐냐는 물음에 대답하기가 가끔 어렵다. 차 마시기라고 하니 너무 수동적으로 보이고 다도라고 하면 너무 거창하다. 차를 좋아하는데, 다도까지는 아니고 따로 공부한다는 식으로 설명할 수밖에 없다. 매주 티클래스를 들으면서는 '차를 배운다'고 답했다. 여태까지는 그나마 제일 마음에 들었지만. 그래도 제일 좋아하는 표현은 '차를 한다'다. 아쉽게도 입 밖으로 내뱉으면 또 부연설명을 해야 할까봐 글에서만 쓰는 중이다.

취미로 차를 한다는 것은 차 마시기 외에도 차로 할 수 있는 다양한 활동을 즐기는 것이라고

생각한다. 차를 배우는 것도 차를 더 잘 하기 위함이다. 최대한 많은 차들을 마셔보고 차 한잔 속 문화와 이야기를 듣고, 좋은 차를 잘 골라 정성껏 우리는 방법을 배우고, 오감에서부터 뇌까지 이어지는 정신적 유희를 즐긴다. 심지어 새로운 차를 블렌딩하여 다른 사람들에게 새로운 경험을 선사하기도 한다.

앞서 말한 것 외에도 차를 하는 방법은 더 많다. 배움이 더 깊어질수록 다른 할 것들이 늘어나겠지. 내 안에 쌓여가는 차 경험이 늘어날수록 흘러가는 시간이 아쉽지 않다. 그만큼 더 성장하고 더 넓은 세계를 만났으니 말이다.

① 티 테이스팅 : 차 자체에 집중하는 시간

캐주얼하게 시작하는 티 테이스팅

홍차를 처음 마시기 시작한지 언제인지도 기억나지 않을 만큼 오랜 시간을 차와 함께했다. 학생 때의 홍차는 이벤트와 같았다. 여유가 생겨서 새로운 자극이 필요할 때만 홍차 한 잔을 찾았다. 차의 맛을 평가하고 차의 향을 음미하는 것은 너무 생소하게 느껴졌다. 사회인으로 자리잡기 위해 치열한 시간들을 거치면서 차 마실 여유도 느끼기 힘들었다. 하지만 어렸을 때부터 몸에 밴 성실함과, 기왕 시작하면 잘 할 때까지 하는 완벽주의 때문에 항상 홍차에 대해 더 알고 싶은 마음이 컸다. 사회 초년생일 때도 차를 좋아하긴 하지만 취미라고 자신 있게 부르기는 힘든 애매한 상태가 계속되었다.

그러다가 처음 간 파리에서 프랑스 브랜드 차들을 엄청나게 사들였다. 매일매일 마시지 않고서는 산더미처럼 쌓인 차들에 파묻힐 듯했다. 자연스럽게 매일 다른 차를 마시고는 했다. 가끔 유명한 간식거리들을 사서 어떤 차와 어울릴지를 고민하는 게 낙이었다. 인스타그램에 시음기를 올리기 시작한 것도 이때쯤이었다.

차맛에 대해 아무렇게나 써대는 내 글이 맞는지 정답을 찾고 싶었다. 고민하던 중 티 테이스팅 클래스를 발견했다. 무엇을 하게 될지는 잘 몰랐지만 6대 다류와 차의 역사부터 배우는 수업과는 다를 듯했다. 차를 마시기만 해도 등급을 판별할 것이라는 환상도 있었다. 긴장 반 기대 반으로 티 테이스팅 클래스의 문을 두드렸다. 티 테이스터는 전용 컵에 엄격한 표준에 맞추어 차를 우리고 완전히 식혀서 마시지만, 일반인들이 차를 즐기기 위해서라면 그렇게까지 엄격할 필요는 없다고 했다. 캐주얼 테이스팅 수업의 시작이었다.

테이스팅은 차와 더 가까워지는 과정

막상 수업에서는 향기를 알아맞히는 스킬을 배우지 않았다. 첫 수업에서는 사람마다 향을 다르게 느낄 수 있으니 눈치보지 말고 자유롭게 얘기하라는 선생님의 말씀에 당황스러웠다. 그럼 딸기 향이 나는 홍차에서 살구 향이 난다고 하는 학생은 틀린 게 아니라 다른 것인가? 정답이 없다면 왜 테이스팅을 배우는 것인지? 신선하면서도 혼란스러운 매주 금요일이었다. 몇 주가 지나고 나니 차에서 어떤 향기가 난다고 하면 왜 그렇게 생각하게 되었을지 복기하는 과정이 흥미로웠다. 향기를 느끼고 표현하는 방식에서 옛 추억과 생활 습관까지 되돌아보게 되고 같이 수

업을 듣는 분들과 의견을 나누었다.

테이스팅은 차와 더 가까워지는 과정이었다. 차를 마시기 전에는 말린 찻잎과 우려낸 찻잎의 모양을 살피고 향기를 맡으며, 차를 마시면서 찻물의 색깔과 향기, 맛을 느낀다. 차를 다 마신 후에는 조심스럽게 단어를 골라 테이스팅 노트에 꼼꼼히 적는다. 이 시간이 문학적으로 다가오기까지 한다. 차맛을 평가하는 기본적인 틀이 있기는 하지만, 차의 향기가 무궁무진하다보니 조금이라도 구별하려고 수식어들을 더 붙이게 된다. 단순하게 나무 향이라고 표현할 수도 있지만 점점 '마른 자작나무의 타는 향', '비오는 숲에서 나는 젖은 나무의 향' 등으로 자세하게 쓰는 것이다. 단어들 하나하나가 차를 더 매력적으로 만들어준다.

그렇게 세 번의 계절을 향기로운 차와 함께 보냈다.

비슷비슷한 차의 향을 구별하라니

전문가 과정에서의 테이스팅 클래스는 각 산지별로 생산된 클래식 티들을 다루었다. 향이 직관적으로 다가오지 않다 보니 조금 더 섬세한 감각이 필요했다. 중국, 인도, 스리랑카 등 주요 산지들의 특징은 조금씩 구별할 수 있게 되었지만 개성이 뚜렷하지 않은 산지 차들은 테이스팅하기 쉽지 않았다. 나름대로 평가하고 따지기를 좋아한다고 생각했는데도 피곤함이 밀려왔다. 다른 차라고 인지는 하더라도 뭐라고 표현할 말이 없는 것이 제일 큰 문제였다.

개성이 뚜렷하고 비싼 차를 가향차의 베이스로 쓰면 원가가 높아지고, 좋은 차를 오롯이 감상할 수 없다. 한마디로 좋은 차의 낭비다. 그래서 티마스터들은 '무난한 품질'의 저렴한 산지 차를 가향차 베이스로 선택한다. 티마스터들은 맛있는 차 마시기를 직업으로 삼으니까 부럽다고 하겠지만 비슷한 차들 사이에서 감각을 곤두세워야 하는 어려움도 있는 것이다.

평생 계속해야 할 테이스팅

테이스팅은 몇 번 배웠다고 해서 끝내지 않고 경험을 통해 익숙해져야 한다. 외국어 실력이 계단식으로 오르듯이, 차를 계속 마시고 느낀 점을 갈무리하면서 꾹꾹 눌러두었던 시간은 어느 순간 감각으로 나타난다. 영원히 친해지지 못할 듯했던 다원 다즐링에서 점점 꽃향과 살구씨 향과 머스캣의 향을 맡을 수 있을 때, 마른 찻잎의 향기만 맡아도 아쌈 홍차라는 걸 맞힐 때의 성취감은 말로 다할 수 없다.

기분을 좋게 하려면 뭔가 거창한 일을 해야 하는 줄만 알았다. 단지 너무 더워서, 너무 추워서, 배고파서 기분이 나빴을 뿐인데 괜히 심오한 생각으로 괴로워했음을 우연히 알게 되었다. 그때부터 지금 나의 감각으로부터 집중하기 시작했다. 가끔 차를 마시고 당장이라도 뭐든 할 수 있다는 자신감을 얻기도 한다. 차의 카페인 때문이라고 하더라도 유난히 기분을 좋게 하는 차를 떠올려보면 기분을 좀 더 낫게 하기 위해서 최대한 비슷한 차를 찾아 마셔 보는데, 테이스팅 노트는 큰 단서가 되어준다.

테이스팅의 언어는 왜 정해져 있을까?

한편 차맛을 왜 굳이 정해진 언어로 평가해야 하는지 질문을 받기도 했다. 원래 성향이 따지기를 좋아해서 왜 평가를 해야 하는지는 궁금하지 않았지만, 테이스팅에서 사용하는 용어가 왜 일정한지는 알고 싶어졌다. 와인을 짧게나마 배울 때 테이스팅 수업과 상당히 비슷했던 기억이 났다. 마침 인간의 풍미 인지 전반을 폭넓게 다루는 책 『와인 테이스팅의 과학』에서 아래와 같은 힌트를 얻었다.

와인이나 차를 테이스팅할 때 우리는 다른 사람들과 교류하면서 영향을 받는다. 사람들마다 향기에 대한 기억은 모두 다르므로 그 차이를 줄이고 공감하기 위해서는 어느 정도의 객관성을 갖춘 언어로 소통해야 한다. 맛과 향을 표현함에 일정한 룰이 없다면 결국 서로 자기만의 경험과 상상만을 이야기하게 된다. 객관적으로 표현하려고 다른 무언가에 빗대는 건 맛과 향의 표현을 한정시킬 수 있지만 가장 쉽고 빠르게 테이스팅을 배울 수 있는 방법이기도 하다.

2 티 블렌딩 : 세상에 단 하나뿐인, 나만의 차를 만들다

블렌딩은 종합적인 차 공부다

전문가 과정의 14주차 만에 처음 블렌딩을 배우게 되었다.

블렌딩 기술은 달달 외워서 터득하기는 힘들다. 물론 유명한 블렌딩 레시피들은 오랜 시간을 거쳐 전해 내려온다. 보이차에 국화꽃을, 녹차에 자스민꽃을 섞는 간단한 행위도 블렌딩이고, 홍차 애호가라면 누구나 마셔봤을 잉글리시 브렉퍼스트도 다른 원산지의 홍차들을 블렌딩한 것이다. 베이스와 첨가물의 마리아주도 중요하지만 공식에 갇히면 새로운 차를 만들 때 주저하게 된다. 또 차를 사려고 둘러보면 독특하고 다양한 블렌딩들에 눈이 돌아가곤 하면서, 블렌딩은 창의성이 많이 필요한 기술이라고 막연히 생각해 왔다. 창의적인 것이라고 하면 환상과 좌절감을 동시에 불러일으킨다. 새로우면 너무 거리감이 느껴지고 익숙하면 새롭지 않다. 블렌딩을 멀리했던 이유도 무언가 다른 차를 만들어내야 한다는 압박 때문일 것이다.

블렌딩은 재료에 대해서 깊은 공부가 필요하다. 여태까지 공부했던 것들은 블렌딩을 잘하기 위한 과정이었다. 제일 베이스가 되는 찻잎의 종류부터 은은한 향기들을 더하는 허브와 향신료,

시각적 효과를 극대화하는 꽃잎까지. 두 시간 동안 들은 이론은 크게 복잡하거나 어렵지 않았지만 여태까지 배운 내용을 되돌아보게 하였다.

나만의 블렌딩차 만들기

이론 설명을 다 듣고 각자 블렌딩차를 만들기 시작했다. 여러 재료들이 테이블에 가지런히 정리되어 있었다. '이렇게 바로 시작한다고?' 조금 당혹스럽기도 했지만, 곧 미리 생각해온 컨셉에 따라 재료와 배합 비율을 고민하였다.

- **이름** : 산중문답 (山中問答)
- **컨셉** : 푸른 산 속에서 복숭아 꽃잎이 물에 떨어지는 것을 보며 유유자적하는 광경을 형상화함
- **베이스** : 다즐링 퍼스트 플러시(48%), 대만 청차(49%)
- **첨가물** : 민트 잎(1%), 로즈마리 잎(1%), 살구추출물(1% 미만)

차를 다 만들고 나면, 블렌딩한 재료들의 향이 서로 잘 어우러지도록 숙성 기간을 거친다. 일주

일 후 종강 티파티에서 각자 블렌딩한 차를 마시고 평가할 예정이었다. 종강 티파티 테이블을 꾸미고 자신이 만든 차를 소개한 후 조심스럽게 서빙하였다. 내가 만든 차가 충분히 소개한 의도에 잘 맞을까, 다른 사람의 입맛에도 괜찮을까, 잠깐의 시간이었지만 혼자서 차를 마시기만 할 때는 느끼지 못했던 감정이었다.

다행히 '산중문답'의 맛과 향은 처음 만든 블렌딩차 치고는 매우 만족스러웠다. 복숭아 향료가 없어서 살구 추출물을 대신

넣었는데도 찻잎에 밴 향기는 복숭아에 가까웠다. 각각의 재료에서는 느끼지 못했던 맛과 향기를 끌어내는 게 블렌딩의 매력이 아닐까 한다.

허브와 꽃잎

내가 만든 차는 허브와 꽃잎이 거의 들어가지 않았다. 겉보기에 너무 심심해서 아쉬웠지만 만약 꽃잎을 넣을 수 있다면 어떤 걸 골랐을까? 마음 같아서는 복숭아 꽃잎을 넣어야겠지만 시들고 나면 별로 보기 좋지 않은데다가, 식용 가능한지 아닌지도 모른다. 자칫하면 못 먹거나 건강 상태에 맞지 않는 재료를 넣을 수 있으니 주의가 필요하다.

식용이나 약용, 향료로 쓰이는 식물이라면 모두 허브라고 부를 수 있다. 꽃집에서 자주 보이는 민트, 로즈마리, 라벤더뿐만 아니라 우리나라의 깻잎이나 쑥도 허브다. 꽃 중에서는 자스민, 히비스커스, 로즈힙, 수레국화, 메리골드 등이 차에 자주 사용된다.

이날 수업에서는 허브와 꽃잎을 한 종류씩 우려마셨다. 보통 새콤한 맛의 홍차는 히비스커스와 로즈힙이 같이 블렌딩된다. 히비스커스와 로즈힙은 모두 신맛으로 머릿속에 인식되어 히비스커스나 로즈힙이 들어간 차는 웬만하면 피했다. 그런데 로즈힙을 단독으로 우리면 은은한 장미 향이 나고 수색도 붉지 않았다. 히비스커스가 신맛의 주연이고 로즈힙은 조연이었던 것이다. 한편 레몬그라스를 우려낸 물에는 상큼한 레몬 향 뒤에 미끈하고 쿰쿰한 여운이 남았다. 레몬그라스는 똠양꿍 같은 동남아 요리에 많이 이용된다고 한다. 레몬 향 홍차를 만든다고 레몬그라

스를 너무 많이 넣어도 차맛을 해친다는 것을 알게 되었다.

허브차의 블렌딩을 분석해보기도 했다. 쿠스미의 BB detox는 인기가 높은 허브차지만 가향된 자몽 향에 집중할 뿐 부재료까지 알아맞춰가며 마신 적은 없었다. 블렌딩 정보를 자세히 보니 조금이지만 허브 씨앗과 민들레 꽃잎을 사용해서 단조롭지 않았다. 독특한 블렌딩을 만드려면 식물 공부도 열심히 해야겠다 싶었다.

이름 붙이기

브런치에 쓰던 〈이름으로 마시는 홍차〉는 블렌딩 홍차 이름의 이야기를 쓴 글이었다. 곧 원고 계약이 들어와서 브런치에 글을 많이 올리지는 못했지만 차의 블렌딩 정보와 이름의 특별한 연관성을 찾아내는 과정이 흥미로웠다. 차의 이름은 상상력을 자극하고 차 마시기를 보다 낭만적이고 예술적으로 만들어준다. 차의 맛에만 관심을 기울이면, 차 마시기는 혀를 만족시키는 취미에서 그쳐 버린다. 차를 마시는 게 뭐가 취미냐는 질문에 스스로 입을 다물게 된다.

차의 이름에도 신경을 쏟으면, 차 마시기는 세계관을 넓혀주는 친구가 된다. 차 전문가들은 자신의 의미를 담아 블렌딩하고 정성스럽게 이름을 붙여 세상에 내놓는다. 그래서 차들을 마시고 이름도 평가해보라는 숙제가 새삼 반가웠다. 우리가 책을 읽으면서 작가의 의도에 감탄하거나 표현을 비판하듯이 차의 이름이 차와 어울리는지 평가하는 것도 마시는 사람의 자유다.

이제 막 하나의 차를 만들어 본 초보 블렌더로서는 세상에 없던 번뜩이는 이름 짓기가 너무 어렵다. 그나마 세상의 이야기들을 잘 캐내어 차에 담아보는 것은 할 수 있겠다. 마음을 울리는 책을 많이 읽고 마음을 흥얼거리게 하는 순간은 글로 잘 붙잡아야겠다. 기억의 창고에서 의미 있는 이름을 건져 올릴 수 있도록.

③ 티 컨텐츠 : 누군가가 차를 이야기해줄 때

차 마시는 장면을 영화나 드라마로 접하면 차를 마신다는 행위가 매우 아름답게 느껴지곤 한다. 서양의 티타임은 화려하고 귀족적인 기품이, 동양의 티타임은 단정하고 절도 있는 동작이 돋보인다. 티타임 장면이 나온다고 해서 보기 시작한 영화나 드라마에 차 마시는 시간이 아주 짧게 나오면 약간 아쉽기도 하지만, 막상 작품 자체가 흥미로워서 계속 보게 되기도 한다. 여태까지 재미있게 봤던 컨텐츠들을 간단한 감상과 함께 소개하고 싶다.

중국 드라마 속 차 이야기

제일 최근에 본 중국 드라마는 〈백발왕비〉로, 주인공이 차 마시기와 차 우리기를 좋아하고 찻집
주인으로 위장했다는 것 때문에 보기 시작했다. 아름다운 차도구와 다화(茶花)들이 드라마의 영
상미를 한껏 올려준다. 또 차를 깊이 논하는 대사들이 나오면 위로를 받곤 한다. 내가 배웠고 습
관적으로 하는 차생활이 틀리지 않았고, 지금도 충실히 잘 하고 있다고 속삭여주는 것만 같다.
"찻잎은 녹색이나 가장자리가 붉고 향이 은은한 것이 짙은 난초 향이 나네요. 차의 빛깔은 투명
한 호박 같고 깔끔하고 진한 맛에 은은한 여운이 남으니 정말 좋은 차예요." 라는 대사로 티 테
이스팅의 정석을 보여주기도 하며, "같은 물에 같은 찻잎을 넣고 차를 우려내도 사람마다 느끼
는 맛은 다르오. 물론 차의 맛은 차를 마실 때의 기분에 좌우되기도 하지요."라는 말로 차맛의
주관적인 영역을 인정하기도 한다. "차에 대한 얘길 들으며 차를 우리는 걸 보니 차를 음미하는
건 고상한 일인 듯싶소."라는 말로 차 전문가들을 빛나게 하기도 한다.

일본식 다도를 간접 경험하는 영화, 〈일일시호일〉

일본식 다도라는 형식에 얽매이는 차 생활을 추구하지는 않는다. 그렇다고 차를 과시하거나 미
각을 충족하는 목적으로만 마시고 싶지도 않다. 일본차를 마시지 않더라도 〈일일시호일〉에서
다루는 차에 대한 관점은 개인의 삶에도 충분히 적용해볼 만한 가치가 있다. 다도라는 차와 생
활 속에서 함께 하면서 얻게 되는 것들, 흔들리지 않는 단단한 무언가를 가지고 싶다고 생각했
는데 이 영화에서 표현이 잘 되어있던 듯하다. 맛깔나는 음식 묘사에 요리 지식까지 알차게 전
해주는 작가 모리시타 노리코의 실제 이야기라 더욱 친근감이 들었다.

〈평상차 비상도〉

중국 인터넷 서점에서 차 관련 에세이를 찾아보다가 대만 작가 린칭쉬엔林淸玄이 쓴 〈평상차 비
상도〉를 알게 되었다. 불교 수행을 한 저자의 차생활이 아주 담백한 문체로 쓰였다. 그러면서
도 차에 대한 지식과 사랑, 평소에 차를 즐기면서 얻은 깊은 깨달음이 책 곳곳에 드러난다. 차
의 고전, 문학 속에 등장한 차, 맛있는 차 한 잔, 차를 함께 마셨던 사람들이 모두 그의 차생활
의 일부였다.

저자는 흔한 국화 보이차 한 잔에서도 생활의 아름다움과 깨달음을 얻곤 한다. 우울하면 맑고 향긋한 국화를, 감정이 격해지면 깊고 진한 보이차를 조금 더 블렌딩한다. 그래야 힘든 삶에서도 좌절하지 않고 앞으로 나아갈 수 있으며, 기쁠 때도 들뜨지 않고 침착하도록 하기 때문이다. 언젠가는 이 책의 한국어 번역서가 나오기를 희망해본다.

홍차를 사랑했던 여왕의 일상, 〈빅토리아〉

빅토리아 여왕 시대에 영국의 홍차 문화는 급성장했다. 시기적인 요인도 있었지만 빅토리아 여왕이 워낙 일상적으로 홍차를 마셨기 때문인 것도 있다. 안나 마리아의 애프터눈 티타임이 영국 전역에 퍼졌고 차 마시기 계몽활동도 펼쳤다. 홍차에 레몬을 띄워 먹는 것도 빅토리아 여왕이 처음 시작했다. 어린 나이에 여왕의 무게를 견뎌내야 했던 빅토리아에게 홍차는 큰 위로가 되지 않았을까. 여왕의 일생을 긴 호흡으로 볼 수 있는 드라마가 영국 ITV에서 방영되었다. 드라마에서는 차 마시기를 중점적으로 다루지는 않지만, 중요한 논의나 대화를 하면서 홍차를 마시는 모습이 나온다.

드라마 속 의상과 공예품을 구경하는 재미도 놓칠 수 없다. 빅토리아 앤 알버트 뮤지엄은 홍차를 사랑하는 사람들에게는 아주 흥미로운 박물관이다. 지난 런던 여행에서는 일정상 가지 못해서 매우 아쉬웠다. 언젠가 꼭 방문할 예정이라서 먼저 드라마로 간접적인 지식을 쌓아가는 게 즐겁다. 한편 동일한 시대에 시골 마을을 배경으로 펼쳐지는 드라마 〈크랜포드〉는 주인공이 홍차를 판매한다는 점이 흥미롭다. 〈빅토리아〉와 비교하면서 보는 재미도 있을 것이다.

마음이 따뜻해지는 티타임을 상상하고 싶다면, 〈책장 속 티타임〉

영국식 티타임을 묘사한 소설을 찾던 중 이 책이 눈에 띄었다. 어렸을 때 영국 동화는 〈비밀의 화원〉 말고 읽어 본 게 없었다. 하지만 페이지를 하나하나 들춰보면서 동화 속 따뜻함이 티타임의 온기와 함께 전해오는 듯했다.

작은 티타임에서 시작한 이야기는 디저트, 작가의 생애, 음식 문화와 식물에 이르기까지 더 넓은 영역으로 확장된다. 그러면서 소박한 티타임은 동화 속 상상력과 어우러진다. 또한, 책에 의하면 영국에서는 마음이 맞는 상대방에게 차를 마시자고 초대하면서 이야기를 나누고, 친해진다고 한다. 티타임은 곧 누군가와 함께 하는 시간이며 주인공들에게 모두 좋은 추억으로 남는 순간이다. 그래서 책에 소개된 티타임은 재현하기 어렵지 않은데도 유독 분위기 있고 특별하게 느껴진다. 책에 나오는 디저트만 준비할 것이 아니라, 동화 속 따뜻한 이야기를 충분히 음미하고 상상하며 티타임을 즐겨보고 싶다.

자연 속에서 행복한 사람의 티타임, 〈타샤 튜더〉

타샤 튜더의 자연 속 라이프스타일을 항상 동경해왔는데 그녀도 매일 홍차를 마신다는 사실은 비교적 최근에 알았다. 타샤 튜더 노년의 라이프스타일을 담아낸 다큐멘터리 영화 〈타샤 튜더〉에서 소박하지만 여유로운 노년의 티타임을 엿본다. 혼자 차를 마시면서 정원을 바라볼 땐 자연의 아름다움을 온전히 느끼고, 가끔 가족들과 함께 하는 티타임에서는 정다운 대화들이 오간다. 타샤 튜더의 티타임에서 홍차는 따뜻한 음료이다. 무심하게 홍차를 우리는 듯 하지만 그녀는 홍차와 어떻게 함께해야 하는지 잘 알고 티타임을 정말 사랑하는 것 같다. 아무 잡념 없이 홍차를 있는 그대로 즐기고 싶을 때 이 영화를 틀어놓고 늘 하던 대로 평범한 홍차를 우려본다.

4 차를 찾는 순간 : 카페투어 말고 티룸투어

새로운 카페를 사진으로 보는 건 언제나 반갑다. 다만 그 곳까지 가는 발걸음이 너무 무거워 망설여질 뿐. 혼자 있는 공간에서 에너지를 충전하는 성격이라 웬만한 할 일도 집에서 한다. 차를

부산 전통 찻집 '비비비당'에서 바라보는 풍경

배우고 나서는 직접 우리는 차맛도 점점 입에 맞는다. 그럼에도 굳이 차를 마시러 밖으로 나갈 때가 있다. 스트레스를 받거나 우울할 때 좋아하는 카페에서 기분 전환하는 사람들처럼 내가 반드시 티룸을 찾아야 하는 순간은 언제였을지 되돌아보았다.

좋은 공간에서 함께 하는 차

차를 마시는 것만으로 시간을 채울 수는 없으니 글을 쓰거나 자수를 놓거나 꽃을 꽂거나 영화를 보면서 차를 홀짝이곤 한다. 그 모든 활동들이 즐겁지만 가끔은 차 자체에만 집중하면서 마음을 아예 놓고 휴식하고 싶다. 그럴 때 저절로 집중하게 만드는 경치나 편안하게 마음을 모을 수 있는 공간을 찾는다. 특히 해야 할 일이나 공부를 집에서 열심히 한 후 번아웃 상태가 되면 주섬주섬 짐을 챙겨 가고 싶던 티룸으로 떠난다.

중국에서는 "한 사람이 경치를 감상하며 차를 마시면 그 경치가 더 아름다워지고, 두 명이 차를 즐기면 그 만남이 더 뜻깊어지고, 여러 명이 모여 차를 음미하면 다양한 지혜가 모여 더 총명해진다."라고 전해내려 온다. 높은 곳에서 벚꽃과 바다를 내려다보며 마시는 차는 봄의 한 자락을 분홍색과 푸른빛으로 채색해주었고, 고즈넉한 숲 속에서 티타임을 가지면 마음을 가라앉혀준다.

공간은 경치와는 달리 인위적인 설계로 만들어졌으므로 찻집 주인의 취향을 느껴볼 수 있다. 새로운 공간이 생겼다는 소식을 접하면 손님들이 조금 뜸해졌다 싶을 때까지 기다렸다가 방문한다. 인테리어가 트렌디한 곳보다는 심플하지만 뚜렷한 특징이 드러나는 공간을 선호한다. 특히 사진은 잘 나오지만 실제로 머무르기 불편하게 하는 공간들은 가지 않게 된다.

혼자 가야만 좋은 찻집이 있다. 그 집에서 차를 마시다 보면 정신이 맑아지고 잡생각이 없어지며 나에게 집중하는 듯한 편안함이 느껴진다. 최상의 컨디션을 가진 내가 눈앞에 나타난다. 누구 앞에서도 흔들리지 않은 채 차분하고 담담하게 모든 일을 하는 사람이다.

누구와 함께 무엇을 하느냐가 좋은 공간의 가치를 업그레이드 시킬 수 있다. 혼자서는 차가 잘 넘어가지 않을 때라면 더욱 그렇다. 혼자 갔던 광저우의 티룸에서는 주인과 둘이서 대화를 하며 차들을 시음했다. 낯을 가리는 성격만 아니라면 조금 더 오랜 대화를 나누었을 테지만, 이 짧은 시간 내에도 충분히 나를 열어갔다.

오래 알던 지인이나 다우와 찻집에 있으면 유난히 눈은 반짝이고 말은 많아진다. 서로 차 이야기를 하면서 보내는 시간이 너무 소중하다. 이야기에 잠깐 공백이 생기면 차를 한 모금 마시면서 공간에 대한 얘기로 분위기를 살짝 환기한다. 누군가와 차를 마실 때는 내가 누구인지를 굳이 내세우지 않아도 된다.

경치나 공간을 감상하면서 차를 마시면 그 순간이 더 기억에 남는다. 그래서 여행을 가면 찻집을 찾는다. 차문화로 유명한 대만이나 영국, 중국이 아니더라도, 하다못해 찻집이 없는 휴양지를 가면 호텔에서 제공하는 티백을 우려 마시더라도 티타임을 가지려고 노력한다.

정말로 좋은 차를 마시고 싶을 때

찻잎 자체를 목적으로 집 문을 나서는 경우도 많다. 특히 중국차 다회에서 평소보다 약간의 비용을 더 추가하면 고급 차를 마셔볼 수 있는데, 작은 잔에 마시다 보니 비싼 찻잎으로 우린 차라도 아주 조금이나마 맛볼 기회가 있는 것이다.

놀랄 만큼 향기롭고 맛도 균형 있는 차를 만나면 나도 모르게 표정이 달라진다. 자세를 고쳐 앉고 짧은 감탄을 뱉어낸다. 이 순간을 잊지 않기 위해 머릿속은 바쁘게 돌아간다. 그 정도로 좋은 차는 차를 취미로 하는 일반인의 손에 쉽게 들어오지 않으므로, 이 차를 구해온 사장님에게 감사하게 된다. 정보가 넘쳐나는 요즘, 큐레이션 서비스는 신규 사업 모델로 부상하는 중이지만 찻집은 이미 오래 전부터 큐레이션을 해왔다고 생각한다. 농민들이 생산하는 다양한 차를 미리 맛보고, 손님들의 취향과 트렌드를 고려하여 최종 선택을 해야 하니 말이다.

한 박람회에서 AI 바리스타를 본 적이 있다. 손님이 무인 계산대에서 주문을 완료하면, AI 바리스타는 커피 추출부터 서빙, 설거지까지 모든 과정을 혼자 해낸다. 차를 우리고 파는 사람들도 AI 바리스타 같은 존재에 대체될까? 개인적인 의견을 조심스럽게 밝히자면, 고급 차문화의 영역일수록 대체 확률은 낮아질 것이다. AI는 기존 취향에 최대한 맞는 음료를 소개하지만, 좋은 찻집 사장님은 손님과 소통하고, 가끔 취향과는 살짝 다른 새로운 차를 소개하면서 오히려 취향의 범위를 넓혀주기 때문이다.

'묘차' 중국차 다회

새로운 차도구를 쓰고 싶을 때

좋은 차도구를 써보는 것도 경험이
다. 유명한 박물관, 미술관에 가서
도 도자기 감상을 즐기지만 무엇보
다도 직접 쓸 때 좋은 도자기의 진
가를 알게 된다. 티포트를 기울이면
차가 잘 나오는지, 다시 들어올리면
주둥이 끝에서 새지 않고 바로 잘
멈추는지 _{(한자로는 출수와 절수라고 한}
_{다.)}, 찻잔은 내 손으로 들기에 편안
한지 신경 쓰인다.
새로운 차도구를 장만하고 싶은데
당장 살 수는 없다면, 좋아하는 차
도구를 갖춘 티룸으로 간다. 이런
티룸들에서는 가끔 차도구도 판매
하는데, 인기 높은 제품은 놀랄 만

서촌 찻집 '이이엄'에서의 티타임

한 속도로 팔려 버린다. 비싼 차도구를 충동구매했다가 뒤늦은 후회를 하지 않도록, 티룸에서
차도구들을 써보면서 나와 잘 맞는 것은 무엇인지 생각을 정리해둔다. 짧은 망설임의 순간에
선물 같은 선택을 할 수 있도록!

베리에이션 티를 즐기고 싶을 때

베리에이션 티는 차를 새로운 시각에서 즐기도록 해준다. 평소 편하게 즐기던 차에 설탕이나 시
럽, 과일, 술, 우유 등을 넣어 다른 매력의 음료를 만든다. 차가 어렵거나 거부감을 느끼는 사람
들에게도 베리에이션 티는 쉽게 다가간다. 이제 작은 카페에서도 최소 한두 종류의 베리에이션
티가 메뉴판에 올라오는 걸 보면 반갑다.
혼자서 만든 베리에이션 티는 맛이 나쁘지 않지만 비주얼 측면에선 좀 아쉽다. 장식용 재료는
항상 갖춰 두기도 어렵다. 그럴 땐 베리에이션 티로 유명한 티룸에 간다. 베리에이션 티는 심오
하지 않다는 편견을 버리고 미식의 세계로 빠져든다.

차생활 : 일상에서 차를 더 가까이 하기

홍차를 많이 사두고는 몇 번만 마신 채 상미기한을 넘겨버린 적이 많았다. 혼자서 100g나 되는 차를 마시려니 질리기도 했고, 평일에는 피곤하다는 핑계로 항상 커피 카페인에 의존했다. 차는 어쩌다 여유 있는 주말에만 마셨고 홍차는 계속 쌓여만 갔다. 그러다 차를 가까이 하려고 했던 몇 가지 습관 덕분에 지금은 홍차 카페인만으로도 잠을 깨울 수 있을 정도로 일상에서 차가 단단히 자리잡았다.

사무실용 차 구비하기

사무실에서 차 한 잔의 여유를 온전히 누릴 수 있을까? 차맛에 집중할 여유도 없고 무엇보다 정수기 물 상태도 차를 우리기에 최상은 아니다. 그러니 너무 섬세하거나 비싼 차를 가져가면 아까울 수 있다.

정수기 온수는 약 85도로 홍차를 우리기에는 낮은 온도다. 가급적 녹차를 마시는 것이 좋지만, 개인 취향 때문에 항상 홍차를 마시게 된다. 대신 품질이 좋으면서도 낮은 물 온도에도 무난하게 우러나는 티백을 찾는다. 여러 시행착오 결과, 티백 중에서도 잎이 자잘하고 향의 캐릭터가 명확한 것은 사무실에서 우려도 꽤 만족스러웠다.

뭔가 그냥 마시고 싶은데 맹물이 싫을 때는 허브티도 즐겨 찾는다. 허브차 티백도 갖추어 두면 내 몸이 정말 카페인을 원하는지, 아니면 단순히 마실 거리가 필요한지를 돌아보게 된다. 허브티는 불필요한 카페인 섭취를 줄이는 데 도움을 준다.

* 추천 : 베질루르-스트로베리&키위(홍차), 웨지우드-파인 스트로베리(홍차), 셀레셜 시즈닝스-허니
  바닐라 캐모마일(허브차), 그린필드-마테 아구안테(허브차), 레몬 머틀(허브차), 국화꿀차(허브차)

가끔 취하고 싶을 때

맥주와 와인을 즐겨 마셨으나 맥주는 조금만 마셔도 너무 배가 불렀고 와인은 한 번 따면 한 병을 다 비워야 한다는 사실이 혼술을 즐기는 내게는 부담스러웠다. 그러던 중 하이볼의 상큼하면서도 드라이한 매력에 빠졌다. 조금 덜 달면서도 차의 맛을 해치지 않는 티칵테일 레시피를 알아보기 시작했고, 차와 술을 결합한 프로그램에도 참여해

보았다. 아직 멋있는 티칵테일 만드는 방법은 배우지 못했지만 올해는 양주의 기본 지식을 배우고 방치된 위스키를 홍차에 타서 마셔보려 한다.

- **위스키를 넣은 로얄 밀크티**
  1 물 100ml을 냄비 또는 밀크팬에 끓인다.
  2 홍차 5~6g를 넣고 약불로 줄인 후 3분간 둔다.
  3 위스키 15~20ml과 설탕 1.5큰술을 넣는다. (알코올 향이 부담스러우면 위스키를 일찍 넣어서 오래 가열되도록 한다.)
  4 우유 200ml을 넣고 가장자리에 기포가 올라올 때 불을 끈다.
  5 스트레이너에 잎을 거른 후 마신다.

여름철 필수 아이템, 냉침용 물병

사상 최악의 폭염을 기록했던 2018년 여름에는 아침 저녁으로 아이스티를 두 잔씩 마시면서 더위를 식혔다. 물병을 2개 준비하여 물병 1개에는 민트향 녹차를, 다른 1개에는 과일 향 홍차를 냉침하였다. 매일 자기 직전 항상 아래의 루틴대로 아이스티를 만들었다. 카페인이 아예 없지는 않지만 부담이 덜해서 식후나 빈속에 마셔도 위가 덜 아팠다.

❶   ❷

❶ 차 9g를 다시백에 담는다.

❷ 물 800ml에 다시백을 담아 냉장고에 넣고 잔다.

❸ 기상 후 아침식사를 하면 딱 8시간이 지난다. 잊지 말고 물병에서 다시백을 뺀 후 마시면 된다.

아이스티를 마시는 좋은 방법이었지만 너무 저렴하고 뚜껑이 흰색인 물병을 사는 바람에 뚜껑에 찻물이 들어 관리하기 힘들었다. 올해는 조금 더 신중을 기해 물병을 구매할 예정이다.

* 추천 : 얌차—블루베리 힐(홍차), 다만 프레르—쟈뎅 블루(홍차), 포트넘 앤 메이슨—피치(홍차), 마리
  아주 프레르—the sur le nil(녹차), 포트넘 앤 메이슨—웨딩 부케 블렌드(녹차)

차를 한꺼번에 구입하기 전 체크리스트 만들기

어떨 때 주로 차를 마시는지를 생각해보고 부족한 차의 종류를 체크한다. 밀크티로 만들 진한 홍차, 봄에 마실 만한 산뜻한 가향차, 밤에 마셔도 괜찮은 허브차 등… 거창한 체크리스트가 아니어도 홍차를 사기 직전에 어떤 차가 가장 필요할지 스스로를 되돌아본다.

> • 가을맞이 홍차 쇼핑 계획
>   1 요즘 속이 안좋아서 하루 한 잔 마시는 홍차도 커피로 대체 중. 커피 느낌을 낼 수 있도
>   록 잉글리시 브렉퍼스트 류의 홍차가 필요하다.
>   2 사무실에서 습관적으로 무언가를 마신다. 카페인이 없는 대용차나 루이보스가 절실하다.
>   3 얼마 전까지 기문 홍차를 잘 마셨는데 똑 떨어졌다. 다시 포트넘 앤 메이슨에서 구입해
>   볼까? 아니면 내년에 중국 여행을 다시 갈 때까지 기다려볼까? 혹시, 마음을 정하기 전
>   에 괜찮은 기문 홍차를 우연히 만나면 놓치지 말아야겠다.

좋은 사람들과 함께 차를 마시도록 노력하기

가끔은 여러 사람이 같이 차를 마시는 자리에 나간다. 초대 받을 때도 있고, 일부러 찾아서 가기도 한다. 차의 맛과 향을 표현하는 데는 주관적인 경험이 크게 작용하다 보니, 다른 사람들과 같이 차를 마시면서 의견을 교환하면 생각의 폭이 넓어진

다. 도저히 오프라인으로 참여하기 힘든 상황이라면 SNS를 활용해도 된다. 차를 마시는 사람들끼리 친구가 되면 요즘 차 트렌드도 파악하기 좋다.

계량 저울

눈대중으로 찻잎의 무게를 재다가 인스타그램에 시음기를 올리면서 작은 계량 저울을 샀다. 요리 초보자가 정확한 계량을 하지 않으면 요리를 망칠 수 있는 것처럼 차를 우릴 때도 마찬가지다. 특히 돌돌 말린 우롱차는 잎 하나하나가 무겁다 보니, 눈대중으로 하면 정량보다 훨씬 많이 넣게 된다. 저렴한 가격에 계량 저울을 사고 난 후 차 우리기도 더욱 편해졌고 맛도 어느 정도 보장된 차를 즐기게 되었다!

차가 비싸고 까다로운 취미라는 편견 버리기

예전에 다른 취미를 하다가 재료값이 너무 비싸고 공간을 너무 많이 차지해서 그만두었던 적이 있다. 그래서 차를 처음 마시기 시작할 땐 도구도 많이 갖추고 배움도 깊어야 한다며 조급해하기도 했다. 교환학생으로 중국에서 생활하면서 차문화에 대한 인식이 처음으로 달라졌다. 중국 학생들은 텀블러에 찻잎을 담아 쉬는 시간마다 따뜻한 물을 받아 마셨고, 중국 곳곳을 여행하면서 들렀던 다관에서는 차를 담은 주전자와 따뜻한 물만으로도 만족스러운 찻자리를 제공했다.

심지어 애프터눈 티의 나라 영국에서도 모든 차를 격식에 따라 마시지는 않는다. 영국 마트에서 대용량 벌크 티백을 저렴한 가격에 파는데, 나이 지긋한 할아버지가 티백 박스를 장바구니에 넣는 걸 보고 의외라고 느꼈다. 일반 영국인들의 차는 우리나라의 커피처럼 활력과 휴식을 주는 셈이다. 이렇게 차는 일상 속의 음료이고 차 마시기에 얼마나 공을 들이는지는 각자의 개인 사정에 달린 일이다.

참고문헌

단행본

기타노 사쿠코, 『책장 속 티타임』, 돌베개, 2019

김인, 『차의 기분』, 웨일북, 2018

모리시타 노리코, 『매일매일 좋은 날』, 이유라 옮김, 알에이치코리아, 2019

문기영, 『홍차 수업』, 글항아리, 2014

문기영, 『철학이 있는 홍차 구매가이드』, 글항아리, 2018

박서영, 『홍차의 나날들』, 디자인이음, 2012

박영자, 『홍차, 너무나 영국적인』, 한길사, 2014

버지니아 울프, 『런던을 걷는 게 좋아, 버지니아 울프는 말했다』, 이승민 옮김, 정은문고, 2017

브라이언 R. 키팅, 킴 롱, 『완벽한 차 한 잔』, 신소희 옮김, 푸른숲, 2017

서수현, 조혜리, 『티 룸』, 롤웍스, 2011

야마다 우타코, 『홍차의 시간』, 강소정 옮김, 애니북스, 2017

이소부치 다케시, 『홍차의 세계사, 그림으로 읽다』, 강승희 옮김, 글항아리, 2010

이소부치 다케시, 『홍차 가게』, 은수 옮김, 랜덤하우스코리아, 2010

이유진, 『오후 4시, 홍차에 빠지다』, 넥서스Books, 2011

제이미 구드, 『와인 테이스팅의 과학』, 정영은 옮김, 한스미디어, 2019

조은아, 『차 마시는 여자』, 네시간, 2011

크리시 스미스, 『티 아틀라스』, 한국 티소믈리에 연구원, 2018

최예선, 『홍차, 느리게 매혹되다』, 모요사, 2009

Emma Marsden, 『Tea at Fortnum & Mason』, Ebury Press, 2010

Timothy d'Offay, 『EASY LEAF TEA』, Ryland Peters & Small, 2017

林清玄, 『平常茶 非常道』, 河北教育出版社, 2015

avie編輯部, 『台茶小時代』, 麥浩斯出版, 2014

간행물

〈차와 문화〉 통권 제 65호(2018년 3/4월) 우리가 알아야 할 세계의 차시장.

5분 만에 읽는
리네아의
홍차 클래스

1판 1쇄 인쇄 2019년 12월 20일
1판 1쇄 발행 2019년 12월 26일

———

지 은 이   박정은
발 행 인   이미옥
발 행 처   J&jj
정   가   15,000원
등 록 일   2014년 5월 2일
등록번호   220-90-18139
주   소   (03979) 서울 마포구 성미산로 23길 72 (연남동)
전화번호   (02) 447-3157~8
팩스번호   (02) 447-3159

———

ISBN 979-11-8697-265-6 (13590)
J-19-10

J & jj
제이 앤 제이제이